荆隽玮 编著

思路决定出路

中国华侨出版社
北京

前 言

无论是企业的经营，还是个人的发展，都是一个在不断开拓创新的思路中选择和变化的过程。思路是决定企业和个人成败的关键因素。思路不同，看待世界的视角不同，对待生活的心态不同，解决问题的方法不同，由此会产生截然不同的结局。思路错，则山重水复；思路对，则柳暗花明。优秀者与平庸者的根本区别，就在于他们是否能够主动寻找获得成功的好思路。企业经营没有思路不行，组织管理没有思路不行，个人生活、工作没有思路不行……在逆境和困境中，有思路就有出路；在顺境和坦途中，有思路才有更大的发展。思路决定出路，有什么样的思路，就会有什么样的出路。

现实生活中，我们常常会看到，那些思路灵活、善于思考的人，总是比别人强，他们有不错的工作和良好的人际关系，身体健康，生活愉快，天天都过着高品质的生活，人生充满了无限的趣味。而那些缺乏思考、安于现状的人，虽然整天忙忙碌碌，却总是穷于应对人生，过着人不敷出、捉襟见肘的生活。

这个世界上很多事情，只要你能找到正确的思路，并下定决心去做，就一定能做到。大多数人认为不可能的事，少数人做到了，因此成功的总是少数人。大多数人遇到比较困难的事，就觉得无论如何也做不到，于是打起退堂鼓回避问题，根本不去想有没有解决的办法。而那些取得成功的少数人不会被困难吓倒，他们总能迎难而上，积极思考，想办法克服困难。成功者之所以在众多的竞争者中一枝独秀，就是因为他们拥有出奇制胜的思路。人与人之间的差别，从根本上说就是自身思路的差异。

在竞争日趋激烈、节奏日益加快的今天，每天都会出现大量错综复杂的问题，给人们的事业、工作、学习、生活等带来压力、障碍。要迅速有效地解决这些问题，就需要有正确的思路。本书旨在帮助读者找到成功的思路、塑造成功的心态、掌握成功的方法，在现实中突破思维定式，克服心理与思想障碍，确立良好的解决问题的思路，提高处理、解决问题的能力，把握机遇，能为人之不能为，敢为人之不敢为，从而开启成功的人生之门。全书内容涉及范围大至企业管理、商务经营，小至个人职业、生活等，涵盖了社会生产和个人生活的方方面面，全书案例丰富、视角新颖、观点精辟，读之让人受益匪浅。

目录

第一章
人生无处不套牢，思路决定出路

1 / 面对自我的困惑

4 / 自我设限

8 / 心中的"瓶颈"

11 / 内心中的自毁倾向

15 / 青蛙的处境

18 / 人生无处不套牢

第二章
不会改变难成功，创新产生奇迹

21 / 墨守成规阻碍成功

24 / 最大的危险是不冒险

29 / 免费午餐的背后

31 / 突破思维定式

34 / 给自己一个好的改变

第三章

借口太多导致失败

38 / 患上"借口症"

42 / 50个著名托词

46 / 执行力在借口中搁浅

49 / 借钱的学问

52 / 财富源自积累

第四章

职场大舞台,爱拼才会赢

54 / 不敢抗争

56 / 为人本分,羞于争利

58 / 自我推销是人生难题

61 / 唯唯诺诺,职场大病

65 / 谁都知道竞争残酷

67 / 自身的分量取决于自己

第五章
曲径通幽，恋爱要懂转个弯

70 / 爱不能直来直去

73 / 不懂幽默，芳心难获

76 / 爱在细小处失去

78 / 自作聪明，反为所累

80 / 爱在心头口难开

82 / 不会来点"甜言蜜语"

第六章
人脉是你最大的存折

85 / 不敢和陌生人说话

90 / 隐私之地是非多

93 / 指责和批评是人际关系的大敌

96 / 有色眼镜害人害己

99 / 得理也饶人

第七章
办事的本事最难学

102 / 极端走不得

104 / 做事不分轻重缓急

106 / 牛角尖里没出路

108 / 方法成就事业

110 / 方圆有法则

112 / 聪明和糊涂只差一步

第八章
懂得选择，学会放弃

115 / 患得患失的悲哀

118 / 选择小鱼，放弃大鱼

120 / 不必为完美所累

123 / 此路不通，请绕行

125 / 背着石头上山

128 / 进和退有学问

第九章
人成功不在于拿一副好牌，
而在于把牌打好

131 / 珍视自我与羡慕别人的较量

133 / "王牌"只有一两张

137 / 别人的牌可能更坏

139 / 丑女也无敌，坏牌自有可取之处

142 / 牌不在好坏，而在于想赢的信念

第十章
没有解决不了的问题，
只有解决不了问题的人

145 / 没有笨死的牛，只有愚死的汉

147 / 三分苦干，七分巧干

150 / 所谓没办法就是没有想出新方法

153 / 对问题束手无策的6种人

157 / 方法就在你自己身上

159 / 问题在发展，方法要更新

第十一章
行动起来，一切皆有可能

162 / 行动永远是第一位的

165 / 业精于勤荒于嬉

169 / 克服拖延的毛病

171 / 用目标为你的行动导航

174 / 制订切实可行的计划

178 / 消除犹豫不决的行动障碍

第一章 人生无处不套牢，思路决定出路

面对自我的困惑

不能正确地评价自己，做好定位，朝着正确的方向前进，是人成功道路上的一堵墙。正确的做法应该是正确认识自己，找准人生的坐标，改变错误的思维模式。

人们常说"人贵有自知之明"，那就是既不高估自己，也不低估自己。认识到这一点容易，但要做到这一点，却很难。

想拥有更大的权力，想到更能发挥自己才能的岗位上去，想做出比别人更大的成就……几乎所有人都有上进心，都有改善现状的欲望。但是，正确估价自己的人，完全有能力接受自己目前所处的现状和环境，这对于想成功的人来说是非常重要的。

世上没有十全十美的人，有些缺点和性格是与生俱来并要带进坟墓的。只要看看那些伟大的成功者，你就能立即明白——他们都接受了自然的自我。

接受自己，对于正确地评价自我非常重要。纪伯伦曾在其作品里讲了一个狐狸觅食的故事。狐狸欣赏着自己在晨曦中的身影说："今天我要用一只骆驼做午餐！"整个上午，它奔波着，寻找骆驼。但当正午的太阳照在它的头顶时，它再次看了一眼自己的身影，于是说："一只老鼠就够了。"狐狸之所以犯了两次相同的错误，与它选择"晨曦"和"正午的阳光"作为镜子有关。晨曦不负责任地拉长了它的身影，使它错误地认为自己就是万兽之王，并且力大无穷无所不能；而正午的阳光又让它对着自己缩小了的身影忍不住妄自菲薄。

大师笔下的这只狐狸与现实生活中的很多人十分相似。他们对自己的认识不足，过分强调某种能力或者凭空承认无能。在这种情况下，千万别忘了上帝为我们准备了另外一块镜子，这块镜子就是"反躬自问"，这4个字可以照见落在心灵上的尘埃，提醒我们"时时勤拂拭"，使我们认识真实的自己。

尼采说过："聪明的人只要能认识自己，便什么也不会失去。"只有正确认识自己，才能充满自信，才能使人生的航船不迷失方向。只有正确认识自己，才能正确确定人生的奋斗目标。只有有了正确的人生目标并充满自信地为之奋斗终生，才能此生无憾，即使不成功，也会无怨无悔。

思路突破：定位决定人生

一个人的发展在某种程度上取决于自己对自己的评价，这种评价有一个通俗的名词——定位。在心目中你把自己定位成什么，你就是什么，因为定位能决定人生，定位能改变人生。

一个乞丐站在地铁出口处卖铅笔，一名商人路过，向乞丐杯子里投入几枚硬币，匆匆而去。过了一会儿，商人回来取铅笔，他说："对不起，我忘了拿铅笔，因为你我毕竟都是商人。"几年后，商人参加一次高级酒会，遇见了一位衣冠楚楚的先生向他敬酒致谢。这位先生说，他就是当初卖铅笔的乞丐。他生活的改变，得益于商人的那句话：你我都是商人。故事告诉我们：当你定位于乞丐，你就是乞丐；当你定位于商人，你就是商人。

定位概念最初是由美国营销专家里斯和屈特于1969年提出的，当时他们的观点是，商品和品牌只有在潜在的消费者心中占有位置，企业经营才会成功。

随后定位的外延扩大了，大至国家、企业，小至个人、具体项目等，均存在定位的问题，事关成败兴衰。

汽车大王福特自幼帮父亲在农场干活，12岁时，他就在头脑中构想如何用能够在路上行走的机器代替牲口和人力，而父亲和周围的人都要他在农场做助手。

若他真的听从了父辈的安排，世间便少了一位伟大的工业家，但福特坚信自己可以成为一名机械师。于是他用1年的时间完成了其他人需要3年的机械师训练，随后又花2年多的时间研究蒸汽原理，试图实现他的目标，未获成功；后来他又投入汽油机研究，每天都梦想制造一部汽车。他的创意被大发明家爱迪生所赏识，邀请他到底特律公司担任工程师。经过10年的努力，在29岁时，福特成功地制造了第一部汽车引擎。今天在美国，每个家庭都有一部以上的汽车，底特律成为美国最主要的工业城市之一，也是福特的财富之都。福特的成功，不能不归功于他定位的正确和不懈的努力。

反过来说，就算你给自己定位了，如果定的不切实际，或者没有一种健康的心态，也不会取得成功。

自我设限

人的悲哀不在于他们不去努力,而在于他们总爱给自己设定许多的条条框框,这些条框无意之间限制了他们想象的空间,以及创造的潜能和奋进的范围。看似一天到晚都在忙碌,实际上自己已经套上了可怕的"金箍罩",最终注定一生碌碌无为。

科学家做过一个有趣的实验:

他们把跳蚤放在桌上,一拍桌子,跳蚤立即跳起,跳起高度均在其身高的100倍以上,堪称世界上跳得最高的动物。然后他们在跳蚤头上罩了一个玻璃罩,再让它跳。第一次跳蚤碰到了玻璃罩,连续多次碰壁后,跳蚤改变了起跳高度以适应环境,每次跳跃高度总保持在罩顶以下。接下来,科学家逐渐改变玻璃罩的高度,这使跳蚤在碰壁后主动改变跳跃的高度。最后,玻璃罩接近桌面,这时跳蚤已无法再跳了。于是,科学家把玻璃罩打开,再拍桌子,跳蚤仍然不会跳,变成"爬蚤"了。

跳蚤变成"爬蚤",并非是它已丧失了跳跃的能力,而是一次次的受挫使它学乖了,习惯了,麻木了。最可悲之处在于,实际上玻璃罩已经不存在了,它却连再试一次的念头都没有了。玻璃罩已经罩在了它的潜意识里,罩在了它的心灵上。行动的欲望和潜能被自己扼杀了!科学家把这种现象叫作"自我设限"。

"自我设限"是人生的最大障碍,如果想突破它,我们就必须不怕碰壁。这时我们就用得着"饥渴精神"了。如果那只跳蚤永远想着"外面有美味可以填饱肚子",那它就永远都不会放弃跳跃,除非生命终结。

无独有偶。自然科学家法布尔也利用毛毛虫做过一次很不寻常的试验。这些毛毛虫总是盲目地跟着前面的毛毛虫走,所以它们又叫游行毛毛虫。法布尔很小心地安排,使它们围着花瓶的边缘走成一个圆圈。花瓶的旁边则放了一些松针,这是毛毛虫喜欢的食物。毛毛虫开始绕着花瓶走,它们一圈又一圈地走,一连7天7夜,一直围着花瓶团团转。最后,终于因饥饿与筋疲力尽而死去。在不到6寸远的地方就有很丰富的食物,而它们却因饥饿而死,因为它们把活动与成就弄混了。

许多人像毛毛虫一样,放弃主宰自己的生命和命运,按别人的意愿过日子,却不能够自主地生活。这种人最突出的特点就是盲从,他们没有目标,就像一艘没有舵的船,永远漂流不定,所以只会到达失望、失败和丧气的海滩。

许多人犯了毛毛虫所犯的错误,结果只从丰富的生活中获得了很小的一部分。他们跟着大家绕圈子,根本不到别的地方去。他们遵循既定的方法与步骤,没有别的理由,因为"大家都那样做"和"大家都认为应该那样做"。其实,深究起来,这两个小实验的结果揭示了极为深刻的寓意。常人的悲哀不在于他们不去努力,而在于他们总爱给自己设定许多条条框框,这些条框无意之间限制了他们的想象空间,以及创造的潜能和奋进的范围。看似一天到晚都在忙碌,实际上自己已经套上了可怕的"金箍罩",注定碌碌无为。

敢于打破自我设定的障碍,多一点超越,少一点盲从,世界会不一样。

思路突破:唤醒心中的巨人

任何人都应该有这样一种抱负,那就是在生命中做一些独特的、带有个人特征的事情,从而使自己免于平庸和世俗,并使自己远离毫无目标、无精打采的生活。最理想的抱负就是植根于现实土壤的切实目标,在自身能力范围之内尽可能地追求卓越。

所以说,真正需要唤醒的是你自己,我们每个人都应当尽可能地挖掘自身的潜能,激发自己的雄心壮志。

很多时候，某些我们极其敬仰的人给予我们的信任和鼓励，或者是当有些人对我们表示怀疑时，另外一些人却毫不犹豫地对我们的才能表示肯定，这都可能激发起我们的雄心，并使我们在一瞬间看到无穷的机会。或许在当时我们并没有对此给予太多的关注，但是，它很可能成为我们职业生涯中的一个转折点。

在生活中，无数的人在阅读一本激励人心的书或一篇感人至深的励志美文时，突然感到灵光一闪，蓦地发现了一个崭新的自我。如果没有这样的一些书或文章，他们可能会永远对自身的真实能力懵懂无知。任何能够使我们真正认识自己，能够唤醒我们的全部潜能的东西都是无价之宝。

问题在于，我们中的绝大多数人从来没有被唤醒过，或者是直到生命的晚年才真正认识自身的能力，但是为时已晚，再也不可能有大的作为了。因此，在我们年轻时就应当对自身的潜能有一个清醒的认识，唯其如此，我们才可能有效地发掘生命的潜力，从而最大限度地实现自我的价值。

大多数人在撒手人寰时，还有相当大的一部分潜能根本就没有被开发。他们只使用了自身能力中很小的一部分，而其他更珍贵的财富却白白地闲置在那儿，原封不动。

因此，最大化地开发一个人的潜能，已成为每个人一生要面对的重要命题。那么如何才能做到让潜能淋漓尽致地开发出来呢？其实，潜能开发的途径有许多，但从成功学的角度而言，主要有4个方面，即"诱、逼、练、学"。

"诱"就是引导

寻求更大领域、更高层次的发展，是人生命意识中的根本需求。"这山望着那山高""喜新厌旧"是人的本性。因此，具有主体自觉意识的自我、有理性的自我，是绝不愿意停留在任何一种狭小的、有限的状态之中的，而是总想不断开拓以取得更大的发展，从而更好地生存。这种炽热的、旺盛的发展需要，是渴望成功的表现，是潜能蓄势待发的前兆。只要对这种发展意识给予有益的引发、规划和培育，就能很好地激发并释放潜能。

"逼"就是逼迫

人是一个复杂的矛盾体，既有求发展的需要，又有安于现状、得过且过的惰性。能够卧薪尝胆、自我警醒的人少之又少，更多的人需要的是鞭策和当头棒喝式的促动，而"逼""自然"就是个好办法。人们常说的"压力就是动力"，就是这个意思。

因此，被逼不是"无奈"，被逼是福。

要么你是被"看得起"委以重托，要么是有好运气，否则别人不会"逼"到你的头上来。

被逼，心态就会改变；被逼，就会有明确的目标；被逼，就会分清轻重缓急，抓紧时间；被逼，就会马上行动。不寻求突破，不创新，就休想跨过这道坎儿。于是潜能在一逼之下因迅速集聚而爆发，如同核聚变。

逼自己，就是战胜自己，必须比过去的自己更好；逼自己，就是超越竞争，必须比别人更好。别人想不到的，我要想到；别人不敢想的，我敢想；别人不敢做的，我来做；别人认为做不到的，我一定要做到。潜能的力量是巨大的！

人的潜能也遵循着"马太效应"，越开发，越使用，就越多越强。

生命力是从压力中体现出来的。生命力就是创新能力，就是创造力，就是人的潜能，也就是竞争力。

"练"就是练习

此处特指专家为开发人的潜能而专门设计的练习、题目、测验、训练，如脑筋急转弯、一分钟推理等，多做有益。另外，还包括"潜意识理论与暗示技术""自我形象理论与观想技术""成功原则和光明技术""情商理论与放松入静技术"等。

"学"就是学习

学习绝对是增加潜能基本储量及促使潜能发挥的最佳方法。知识丰富必然联想丰富，而智力水平则取决于神经元之间信息连接的广度和信息量。

心中的"瓶颈"

人人心中都有一堵"墙"——你成功的障碍。人们的一生仿佛受到一个失灵的罗盘的指引，永远迷失着自我，而无法冲破人生的局限。其实，心可以超越困难，可以突破阻挠；心可以粉碎障碍，让你脱颖而出！

希拉斯·菲尔德先生退休的时候已经积攒了一大笔钱，然而他忽发奇想，想在大西洋的海底铺设一条连接欧洲和美国的电缆。随后，他就开始全身心地推动这项事业。前期的基础性工作包括建造一条长约1600千米、从纽约到纽芬兰圣约翰的电报线路。纽芬兰长约640千米的电报线路要从人迹罕至的森林中穿过，所以，要完成这项工作不仅包括建一条电报线路，还包括建同样长的一条公路。此外，还包括穿越布雷顿角全岛共700千米长的线路，再加上铺设跨越圣劳伦斯海峡的电缆，整个工程十分浩大。

菲尔德使尽浑身解数，总算从英国政府那里得到了资助。然而，他的方案在议会上遭到了强烈的反对，在上院仅以一票的优势获得多数通过。随后，菲尔德的铺设工作就开始了。电缆一头搁在停泊于塞巴斯托波尔港的英国旗舰"阿伽门农"号上，另一头放在美国海军新造的豪华护卫舰"尼亚加拉"号上，不过，就在电缆铺设到8000米的时候，它突然卷到了机器里面，被弄断了。菲尔德不甘心，进行了第二次实验。在这次实验中，铺到320千米长的时候，电流突然中断了，船上的人们在甲板上焦急地踱来踱去。就在菲尔德先生即将命令割断电缆，放弃这次实验时，电流突然又神奇地出现了，一如它神奇地消失一样。夜间，船以每小时约6500米的速度缓缓航行，电缆的铺设也以每小时约6500米的速度进行。这时，轮船突然发生了一次严重的倾斜，制动器紧急制动，不巧又割断了电缆。

但菲尔德并不是一个容易放弃的人。他又订购了1100千米的电缆，而且还聘请了一个专家，请他设计一台更好的机器，以完成这么长的铺设任务。后来，英美两国的科学家联手把机器赶制了出来。最终，两艘军舰在大西洋上会合了，电缆也接上了头；随后，两艘船继续航行，一艘驶向爱尔兰，另一艘驶向纽芬兰，结果它们都把电线用完了。两船分开不到4800千米，电缆又断开了；再次接上后，两船继续航行，到了相隔约13千米的时候，电流又没有了。就这样，电缆第三次接上后，铺了320千米，在距离"阿伽门农"号6米处又断开了，两艘船最后不得不返回爱尔兰海岸。

参与此事的很多人都泄了气，公众舆论也对此流露出怀疑态度，投资者也对这一项目丧失了信心，不愿再投资。这时候，如果不是菲尔德先生百折不挠的精神和他天才的说服力，这一项目很可能就此放弃了。菲尔德继续为此日夜操劳，甚至到了废寝忘食的地步，他绝不甘心失败。于是，第三次尝试又开始了，这次总算一切顺利，全部电缆铺设完毕，而且没有任何中断，几条信息也通过这条漫长的海底电缆发送了出去，一切似乎就要大功告成了，但突然电流又中断了。

这时候，除了菲尔德和他的一两个朋友外，几乎没有人不感到绝望。但菲尔德仍然坚持不懈地努力，他最终又找到了投资人，开始了新的尝试。他们买来了质量更好的电缆，这次执行铺设任务的是"大东方"号，它缓缓驶向大洋，一路把电缆铺设下去。一切都很顺利，但最后在铺设横跨纽芬兰960千米电缆线路时，电缆突然又折断了，掉入了海底。他们打捞了几次，但都没有成功。于是，这项工作就被耽搁了下来，而且一搁就是1年。

这一切困难都没有吓倒菲尔德。他又组建了一个新的公司，继续从事这项工作，而且制造出了一种性能远优于普通电缆的新型电缆。1866年7月13日，新的实验又开始了，并顺利接通、发出了第一份横跨大西洋的电报。电报内容是："7月27日。我们晚上9点到达目的地，一切顺利。感谢上帝！电缆都铺好了，运行完全正常。希拉斯·菲尔德。"不久以后，原先那条落入海底的电缆被打捞上来了，重新接上，一直连到纽芬兰。现在，这两条电缆线路仍在使用，而且再用几十年也不成问题。

思路突破：打破心中的"瓶颈"

几年前，举重项目之一的挺举项目中，有一种"500磅(约227千克)瓶颈"的说法，也就是说，以人的体力而言，500磅是很难超越的瓶颈，当时没有一个运动员能突破这个重量。一次，499磅的纪录保持者巴雷里比赛时所举的杠铃，由于工作人员的失误，实际上超过了500磅。这个消息发布之后，世界上有6位举重高手也紧接着举起了一直未能突破的500磅杠铃。

有一位撑竿跳的选手，一直苦练都无法越过某一个高度。他失望地对教练说："我实在是跳不过去。"

教练问："你心里在想什么？"

他说："我一冲到起跳线时，看到那个高度，就觉得一定跳不过去。"

教练告诉他:"你一定可以跳过去。把你的心从竿上摔过去,你的身子也一定会跟着过去。"

他撑起竿又跳了一次,果然跃过了。

心,可以超越困难,可以突破阻挠;心,可以粉碎障碍,终会达成你的期望。

所谓瓶颈,其实只是心理作用。你的心中有"瓶颈"吗?

人的生活罗盘经常失灵,有很多人在迷宫般的、无法预测也乏人指引的茫茫职场中失去了方向。他们不断触礁,可是别人却技高一筹地继续航行,安然应对每天的挑战,平安抵达成功的彼岸。为了维持正确的航线,为了不被沿路上意想不到的障碍和陷阱困住或吞噬,你需要一个可靠的内部导航系统。一具有用的罗盘,会为你陷入职场困境时指引一条通往成功的康庄大道。然而,可悲的是,太多的人从未抵达终点,因为他们借助失灵的罗盘来航行。这具坏掉的罗盘可能是扭曲的是非感,或是蒙蔽的价值观,或是自私自利的意图,或是未能设定目标,或是无法分辨轻重缓急,简直不胜枚举。聪明人利用罗盘,可以获致恒久的成功。有智慧的卓越人士,选择可靠的路线,坚定地向前行进,可以渡过难关,安抵终点。

内心中的自毁倾向

心理学家指出,在每一个人的内心深处,多少都隐藏了一些自毁的倾向,这种内在情绪的冲动常常会驱使一个人做出危及自己的事情。而真正的成功者与一般人之间的一个重要区别在于:他们战胜了自己和内心的情绪,而一般人却不能。

你一定听过"自讨苦吃""自找麻烦""搬起石头砸自己的

脚""自作孽，不可活"等诸如此类的话，这些描述的是一个人所犯的错误把自己逼往失败的境地。

仔细想想，每一个人都难免会犯以上的错误，只不过有程度严重与否的区别。无怪乎有句话说"自己才是自己最大的敌人"，因为我们总是不断地用各种方法"迫害"自己。

心理学家指出，其实，在我们每一个人的内心深处，多少都隐藏了一些自毁倾向，这种内在情绪的冲动常常会驱使一个人做出危及自己的事情。譬如，有人整天絮絮叨叨，看什么事都不顺眼，动不动就抱怨这个抱怨那个，好像所有的人都做了对不起他的事；还有的人，生活漫无目标，整日无所事事，只会嫉妒别人的成就，自怨自艾，认为什么好运都不会落在自己的头上；还有的人嗜酒如命、沉湎于药物，好财成性，饮食不知节制，消费成癖，纵情声色等，这些都称得上是自毁行为。

人们常常把失败的原因归咎于别人，其实很多问题都出在自己身上，很多麻烦都是自找的。每个人在先天性格上都有一些缺陷，只是你不愿承认失败是出于自己的缺点。这种"不愿当输家"的防卫心理可以理解，但如果你对自己的缺点浑然不觉或者不知反省，就真会有"一败涂地"的危险。

"生命的脚本可由演出者的主观意志加以改变"，杜柏林认为，每个人天生的性格固然会影响他的行为模式，但即使你的输家"脚本"是与生俱来的，你也可以决定不再依赖这种"脚本"过日子。问题是，你是否愿意正视你的缺陷，改变你的自毁行为，不再继续自讨苦吃。

想要不再与自己为敌，并且停止迫害自己，就要找出和解的方法。当然，你要努力去改掉多年的自毁习惯。当你一点一滴慢慢铲除这些障碍的时候，你就会发现：你已经不再是自己最大的敌人，而是自己最好的朋友。

思路突破：一个人最重要的是他的内心

在一次讨论会上，一位著名的演说家没讲一句开场白，手里却高举着一张20美元的钞票。面对会议室里的200个人，他问："谁要这20美元？"一只只手举了起来。他接着说："我打算把这20美元送给你们中的一位，但在这之前，请准许我做一件事。"他说着将钞票揉成一团，问："谁还要？"仍有人举起手来。

他又说："那么，假如我这样做又会怎么样呢？"他把钞票扔到地上，又踏上一只脚，并且用脚碾它。尔后他拾起钞票，钞票已变得又脏又皱。"现在谁还要？"还是有人举起手来。

"朋友们，你们已经上了一堂很有意义的课。无论我如何对待那张钞票，还是有人想要它，因为它并没贬值，它依旧值20美元。人生路上，我们会无数次被自己的决定或碰到的逆境击倒、欺凌，甚至碾得粉身碎骨，我们觉得自己似乎不名一文。但无论发生什么，或将要发生什么，在上帝的眼中，你们永远不会丧失价值。在他看来，无论你们肮脏或是洁净，衣着齐整或是不齐整，你们都是无价之宝。生命的价值不依赖我们的所作所为，也不仰仗我们结交的人物，而是取决于我们本身，也就是说，完全属于你的内心所想！你们是独特的——永远不要忘记这一点！"是的，生命的价值取决于我们自身，除了你自己，没有人能让你贬值。

凯特先生的一次经历更让我们认识到：一个人最重要的是他的内心！

一个星期天的早晨，凯特本来可以好好睡一个懒觉，但是一种强烈的罪恶感驱使他起身去教堂做礼拜。

凯特洗漱完毕，收拾整齐，匆匆忙忙赶往教堂。

礼拜刚刚开始，凯特在一个靠边的位子上悄悄坐下。牧师开始祈祷了，凯特刚要低头闭上眼睛，却看到邻座先生的鞋子轻轻碰了一下他的鞋子，凯特轻轻地叹了一口气。

凯特想，邻座先生那边有足够的空间，为什么我们的鞋子要碰在一起呢？这让他感到很不安，但邻座先生似乎一点儿也没有感觉到。

祈祷开始了："我们的父……"牧师刚开了头。凯特忍不住又想，这个人真不自觉，鞋子又脏又旧，鞋帮上还有一个破洞。

牧师继续祈祷着，凯特尽力想集中心思祷告，但思绪忍不住又回到了那双鞋子上。他扫了一眼地板上邻座先生的鞋子想，难道我们上教堂时不应该以最好的面貌出现吗？邻座的这位先生肯定不是这样认为的。

祷告结束了，人们唱起了赞美诗，邻座先生很自豪地高声歌唱，还情不自禁地高举双手。凯特想，主在天上肯定能听到他的声音。奉献时，凯特郑重地放进了自己的支票。邻座先生把手伸到口袋里，摸了半天摸出几个硬币，"叮啷啷"放进了盘子里。

牧师的祷告词深深地触动着凯特，邻座先生显然也同样被感动了，因为凯特看见泪水从他的脸上流了下来。

礼拜结束后，大家像平常一样欢迎新朋友，从而让他们感到温暖。凯特心里有一种想要认识邻座先生的冲动，他转过身子握住了邻座先生的手。

邻座先生是一个上了年纪的黑人，头发很乱，但凯特还是谢谢他来到教堂。邻座先生激动得热泪盈眶，咧开嘴笑着说："我叫查理，很高兴认识你，我的朋友。"

查理擦擦眼睛继续说道："我来这里已经有几个月了，你是第一个和我打招呼的人。我知道，我看起来与别人格格不入，但我总是尽量以最好的形象出现在这里。星期天一大早我就起来了，先是擦干净鞋子，打上油，然后走了很远的路，等我到这里的时候鞋子已经又脏又破了。"凯特忍不住一阵心酸，强咽下了眼泪。

查理接着又向凯特道歉说:"我坐得离你太近了。当你到这里时,我知道我应该先看你一眼,再问候你一句。但是我想,当我们的鞋子相碰时,也许我们就可以心灵相通了。"

凯特一时觉得再说什么都显得苍白无力,就静了一会儿才说:"是的,你的鞋子触动了我的心。在一定程度上,你让我知道,一个人最重要的是他的内心,而不是外表。"

还有一半话凯特没有说出来,这位老黑人怎么也不会想到,凯特从心底深深地感激他那双又脏又旧的鞋子,是它们深深触动了他的灵魂。

邻座的黑人先生并没有因为自己的衣着寒酸而自怨自艾,或无端地贬低、毁灭自己,而是满怀着对上帝、对生活的感恩之心,热情地对待自己,以及认真地面对主给予他的所有恩赐——包括那双又破又烂的鞋子。事实证明,在贫贱与困境中保持着内心的昂扬和人格完整的人,能赢得人们的尊重和敬佩。"一个人最重要的是自己的内心。"没错,上面的两个故事诠释了这一点儿,并带给我们无声的震撼。

青蛙的处境

故步自封和过度的自我满足让人的世界变得越来越小。而有些人宁可在暂时的安逸中沉湎,也不愿提高自身的能力和核心竞争力以适应环境变化。这种做法和文中的两只青蛙所做出的反应,几乎如出一辙。

有一只青蛙生活在井里,那里有充足的水源。它对自己的生活很满意,每天都在欢快地歌唱。

一天，一只鸟儿飞到这里，便停下来在井边歇歇脚。青蛙主动打招呼说："喂，你好，你从哪里来啊？"

鸟儿回答说："我从很远很远的地方来，而且还要到很远很远的地方去，所以感觉很劳累。"

青蛙很吃惊地问："天空不就是那么大点吗？你怎么说是很遥远呢？"

鸟儿说："你一生都在井里，看到的只是井口大的一片天空，怎么能够知道外面的世界呢？"

青蛙听完这番话后，惊讶地看着鸟儿，一脸茫然和失落。

这是一个我们早已熟知的故事，或许你会感到好笑，但在现实生活中，仍可以见到许许多多的"井底之蛙"陶醉在自我的狭小领域中。这种自以为是的自足自得，只会导致眼光的短浅和心胸的狭隘。信息的落后和自我张狂会让自己和现实离得越来越远。特别是在竞争日趋激烈的今天，故步自封和过度的自我满足只会让你的世界越来越小，并时刻有被淘汰的危险。因此，每个人都应该走出"小我"，积极地提升自身的能力，开阔自己的视野，这样才能在汹涌的时代大潮中立于不败之地。

下面，我们再讲一个关于青蛙的故事。在19世纪末，美国康乃尔大学做了一次有名的青蛙实验。他们把一只青蛙冷不防丢进煮沸的油锅里，在那千钧一发的生死关头，青蛙用尽全力，一下就跃出了那势必使它葬身的滚烫的油锅，跳到锅外的地面上，安全逃生。

半小时后，他们使用同样的锅，在锅里放满冷水，然后又把那只死里逃生的青蛙放到锅里，接着用炭火慢慢烘烤锅底。青蛙悠然地在水中享受"温暖"，等它感觉到承受不住水的温度，必须奋力逃命时，却发现为时已晚，欲跃无力。青蛙全身瘫痪，最终葬身在热锅里。

在生活中，我们随处可以看到，许多人安于现状，不思进取，在浑浑噩噩中度日，害怕面对不断变化的环境，更不愿增强自己的本领，去发挥自身的优势以适应变化。最终在安逸中消磨了所有的生命能量。

思路突破：更高的目标为生命增色

不少人会有这样的体验，虽然每天准时上班，每天按计划完成该做的事，但总感觉生活得呆板，缺乏活力。似乎该做的事都已经做了，生活中再也找不到还能去做选择和努力的地方。曾经就有这样一个人们一致公认的成功人士，竟爬上楼顶，从上面跳了下去。

问题出在哪里？从表面上看，他是因为反复循着同样的生活方式，没有新鲜的感受，没有新的创意，产生了厌倦和疲劳，身心感到耗竭。

再往更深的层次看，也许是目标定得不够高，成功后就再看不到更高的奋斗目标了；也许有着不切实际的预期。这样，无论他的学业、事业多么地成功，都无法达到预期的要求；也许是认识不到自己工作的成就和价值；也许是把自己的目标定得太窄，于是生活变得刻板，没有生气。

美国的本杰明·富兰克林是举世闻名的政治家、外交家、科学家和作家。他的多方面才能令人惊叹：他4次当选宾夕法尼亚州的州长；他制定出《新闻传播法》；他发明了口琴、摇椅、路灯、避雷针、两块镜片的眼镜、颗粒肥料；他设计了富兰克林式的火炉和夏天穿的白色亚麻服装；他最先组织消防厅；他第一个组织道路清扫部；他是政治漫画的创始人；他是出租文库的创始人；他是美国最早的警句家；他是美国第一流的新闻工作者，也是印刷工人；他创设了近代的邮信制度；他想出了广告用插图；他创立了议员的近代选举法；他的自传是世界上所有自传中最受欢迎的自传，仅在英国和美国就重印了数百版，现在仍被广泛阅读……

诚然，像富兰克林这样敢于尝试，并在各方面都显示出卓越才能的人是少见的。可是，这也足以说明：只要愿意，人无所不能。作为普通人，虽然我们不可能在各方面都有所建树，但如果我们敢于求新求变，试着涉足更广阔的领域，即使不能扬名立万，也会使生活变得更加丰富多彩。长期单调乏味的生活常常会使最有耐性的人也觉得忍无可忍，读到这里，你完全应该相信：你还可以做好很多事情。

人生无处不套牢

"套牢"是股市上的一个术语，却也很好地表现出了人生中的一种尴尬处境。就像一个禅学故事中所讲的，一只贪食的鸟儿拼命地往网孔中钻，可任凭它怎样用力，脖子被勒得窒息，也够不着近在咫尺的虫子。当人们拼着性命往套中钻时，却怎么也得不到自己所渴望得到的。也许，这种削尖脑袋往套中钻的动机和想法本身就是一个圈套，或者说是一堵围困人生的墙吧。

在股市猛地热了起来的时候，有个词的使用频率突然增高，这便是——套牢。许多人被股市赚钱的光环所诱惑而奋不顾身地跳了进去，谁知股价非但不涨反而直线下跌，这就是被套牢了。凡是玩股票的人，没有一个喜欢自己被套牢的。可是大凡玩股票的人，没有一个幸免于此。

股市真可谓人生大课堂。收市之后，你如果将眼光放得远一点儿，会忽然发现，人生真是无处不套牢。生而为人，出生前就被子宫套牢了。后来，上学了被学校套牢，工作了被单位套牢，结婚了被家庭套牢，死了被骨灰盒套牢。

　　说起来，有些套子是自己钻的。股票是自己要买的，婚是自己要结的，国是自己要出的，儿子是自己要生的。假如买不到股票，人是会抱怨的；假如生不出儿子，人是会沮丧的；假如出不了国，人是会恼火的。有朋友终于拿到了绿卡，却立即愁眉苦脸起来，说是原本穷学生一个，万事没有关系，而现在要以一个美国人的标准来要求自己，车是什么档次的车，房子是什么档次的房子，衣服是什么衣服，工作是什么工作，凡此种种，不一而足，原来绿卡也是个圈套。这么一说，做人就难了。得到了朝思暮想的东西还要犯愁，甚至更愁，人生真是很无奈。

　　仔细想想，人又不能没有一点儿东西将自己套牢。过于自由，心里就会空落落的，魂不守舍，食不甘味，这种那种的孤独就要来了。人不是被这个套牢，就是被那个套牢，一套接着一套。有种说法是不错的：凡是活人必然是套中之人。

　　而人要套自己是最无可救药的。有一个人热爱炒股，小有进账。然而他总是拨起算盘算自己理论上应该赚多少，而实际上少赚了多少，这样算来算去反而更不快乐。友人劝他何苦和自己过不去，留得"生命"在，还怕没钱赚？他觉得这话是对的，但心里忍不住还是惦记那飞走的铜钱。唉！不知道是人套钱，还是钱套人。

思路突破：人生不应该有太多负荷

　　人生不应该有太多的牵累与负荷。现在拥有的，我们应该珍惜；已经失去的，也没必要再为之哭泣。抬头向前看，会有更美好的生活在等着你。只要还有一颗乐观向上的心，人生就会一路充满阳光。

　　尤利乌斯是一个画家，而且是一个很不错的画家。他画快乐的世界，因为他自己就是一个快乐的人。不过没人买他的画，因此他想起来会有点儿伤感，但只是一会儿。

"玩玩足球彩票吧！"他的朋友们劝他，"只花2马克便可赢很多钱！"

于是尤利乌斯花2马克买了一张彩票，并真的中了彩！他赚了50万马克。

"你瞧！"他的朋友都对他说，"你多走运啊！现在你还经常画画吗？"

"我现在就只画支票上的数字！"尤利乌斯笑道。

尤利乌斯买了一幢别墅并对它进行了一番装饰。他很有品位，买了许多好东西：阿富汗地毯、维也纳橱柜、佛罗伦萨小桌、迈森瓷器，还有古老的威尼斯吊灯。

尤利乌斯很满足地坐下来，点燃一支香烟静静地享受他的幸福。突然，他感到好孤单，便想去看看朋友。如同在原来那个石头做的画室里一样，他把烟往地上一扔，然后就出去了。

燃烧着的香烟躺在地上，躺在华丽的阿富汗地毯上……一个小时以后，别墅变成一片火的海洋，它完全被烧没了。

朋友们很快就知道了这个消息，他们都来安慰尤利乌斯。

"尤利乌斯，真是不幸呀！"他们说。

"怎么不幸了？"他问。

"损失呀！尤利乌斯，你现在什么都没有了。"

"什么呀？不过是损失了2个马克。"

第二章 不会改变难成功，创新产生奇迹

墨守成规阻碍成功

我们知道很多的游戏规则是我们自己定的，结果这些规则反而使我们丧失了创造力。因此，人一定要记住：做任何事，没有规则不行，但过于因循守旧、墨守成规也不行。适当之时，要善于改变众人所遵循的规则，独辟蹊径，去创造辉煌的人生。

研究行销管理的专家们提出过一个观点：竞争会造成限制。意思是说，一般人习惯用"硬碰硬"的方式与人正面竞争，但是这种短兵相接的方式并不见得是最有效的制胜之道，反而会限制成功。因为当你正面去竞争的时候，你也就完全认同这个游戏，并愿意遵守某些固定的规则与观念，你的思想就会受制于某一个框框，反而阻碍了你发挥自己的创造力。

绝大多数人宁愿相信，遵守既定规则是非常重要的；否则，

如果人人都想打破规矩，岂不是天下大乱？然而，管理专家强调，这只是一种鼓励突破思考的方法，让你更精确、有效地达成目标。换句话说就是，"要打破的是规则，而不是法律"。通常情况下，具有突破性思考特征的人，他们和旧式的行业规则格格不入，对每件事都产生质疑，不喜欢墨守成规，偏爱自由游荡。

专门从事运动心理学研究的美国斯坦福大学教授罗伯特·克利杰在他的著作《改变游戏规则》中指出："在运动场上，很多选手创造佳绩，都是因为他们打破了传统的比赛方法。"杰出的运动选手普遍具有这种"改变游戏规则"的特征。

根据罗伯特·克利杰的结论：突破思考是一种心态，可以鼓励人不断学习，不停地创造。所以，如果你想改变习惯，尝试新的挑战，那就突破规则，改变游戏方法吧！

所谓改变游戏规则，就是要掌握主控权。要改变规则不难，关键在于有没有求变的决心。一般人遇到没有把握的状况常常会犹豫，所以说人最大的敌人是自己。通常情况下，你决定"变"或者"不变"的标准是，如果你从以前的经验中找不到任何成功的例子，你就做最坏的打算——可以赔多少？只要赔得起你就做，更何况你可能会赢。

是否求变，还有一个规则：越是有许多人说不，就越该改变。在1993年美国大选中，克林顿说了一句话："我们要改变游戏规则……"而布什总统却说："我有丰富的经验！"也许布什落选的一个重要原因是他在"往后看"，而不是"向前看"。

思路突破：创新有回报

世界充满了那些追随者、依附者、模仿者，他们喜欢巡行旧的轨道，喜欢以他人之思想为思想。但是社会所需要的却是那些有创新的人，能够离开走熟了的途径，而闯入新天地的人——那些离开了先例旧方而医治病人的医师，那些用别出心裁的方法办理讼案的律师，那些把新的理想、新的方法带进教室的教师等。

不要害怕自己成为"创始人"。不要仅仅做一个人，而要做一个新的人，独立的人。不要想去抄袭仿效你的祖父、你的父亲、你的邻居，这就像紫罗兰花要模仿玫瑰花，菊花想要效謦向日葵一样的可笑。

要知道，没有人能够因仿效他人而得到成功。成功是不能从抄袭、模仿中得来的。成功是个人的创造，是由创始的力量所造成的，所以我们要勇于去做成功路上的创始者。

日本的"电子之父"松下幸之助，就是这样一位富有智慧、善于洞察未来的成功人物。每当人们问及他成功的秘诀时，他总是淡淡一笑，说："靠的是比别人稍微走得快了一点。"

1917年，松下幸之助在确立自己事业的方向时，靠的就是在自己的智慧基础上形成的强烈的超前意识。严格地讲，松下幸之助同电器结下不解之缘并没有内在的必然联系，他的祖上经营土地，父亲从事米行，而他进入社会首先是涉足商业，所有这些都与电器制造相隔甚远，况且有关电的行业在当时只是凤毛麟角。然而，他深信电作为一种新式能源，在给人类带来方便的同时，也会带来更多的欲望；灿烂的电器时代如同电灯一样将会照亮人类生活的每个角落，因此，投身电器制造，也一定会前途灿烂。尽管在创业伊始，他就受到挫折和打击。然而，这种超前意识使他有了坚强的信念和必胜的信心。正是由于"稍微走得快了一点"，使得"松下电器"从无到有，从小到大。

第二次世界大战结束后，世界又恢复了新的和平。遭受战争创伤的人民，在新的和平环境里又重新燃起了生活和工作的热情。睿智的松下幸之助又"超前"地看到"新文明"将带来世界性的家电热。对于"松下电器"，这既是一次发展壮大的难得的机会，又是一次艰巨而又严峻的挑战。松下幸之助正是凭借着

"稍微走得快了一点",大刀阔斧地进行机构调整和技术改革,从而使"松下电器"在新的挑战中得到了前所未有的发展。

20世纪50年代,松下幸之助第一次访问美国和西欧时发现:欧美强大的生产力主要基于民主的体制和现代的科技,尽管日本在上述方面还相当落后,然而这一趋势将是历史的必然。松下幸之助正是把握住了这一超前趋势,在日本产业界率先进行了民主体制改革。政治上给予产业充分的自主权,建立了合理的劳资体制和劳资关系。经济上他改革了日本的低工资制,使职工工资超过欧洲,接近美国水平,并建立了必要的职工退休金,使员工的物质利益得到充分满足。劳动制度上实现每周5天工作日,这在当时的日本还是第一家。松下幸之助认为:这一改革并非单纯增加一天休息,而是为了进一步促进产品的质量。好的工作成就产生愉快的假日,愉快的假日情绪又带来更高的工作效率。只有这样,生产才能突飞猛进,效益才能日新月异。

"时势造英雄",被改变了的环境就是一种新的时势,新的发展机遇。无论是地理环境、交际环境,还是职业环境、人文环境,每一次改变都为我们提供了一个新的广阔的发展空间。

最大的危险是不冒险

在中国人的传统观念中,崇尚"稳中求胜",认为"凡人世险奇之事,绝不可为"。这种思想的积毒,严重地影响了人的行事风格,也给人的事业带来了不良的后果。所以人应改变心中所想,敢于去冒险,并在冒险中焕发出生命的光彩。

利奥·巴士卡利雅说:"希望就有失望的危险,尝试也有失败的可能。但是不尝试如何能有收获?不尝试怎么能有进步?不做也许可以免于受挫折，但也失去了学习或爱的机会。一个把自己限于牢笼中的人，是生活的奴隶，无异于丧失了生活的自由。只有勇于尝试的人，才拥有生活的自由，才能冲破人生难关。"

这正是他对自己生活的总结。小时候，人们常常告诫他，一旦选错行，梦想就不会成真，还告诉他，他永远不可能上大学，劝他把眼光放在比较实际的目标上。但是，他没有放弃自己的梦想，不但上了大学，还拿到了博士学位。当他决定抛弃已有的一份优越工作去环游世界时，人们说他最终会为此后悔，并且拿不到终生教职，但是，他还是上了路。结果，他回来后不但找到了一份更好的工作，还拿到了终生教职。当他在南加州大学开办"爱的课程"时，人们警告他，他会被当作疯子。但是，他觉得这门课很重要，还是开了。结果，这门课改变了他的一生。他不但在大学中教"爱的课程"，还被邀请到广播、电视台举办爱的讲座，受到美国公众的欢迎，成为家喻户晓的爱的使者。他说："每件值得的事都是一次冒险。怕输就错失了游戏的意义。冒险当然有带来痛苦的可能，可是不去冒险的空虚感更痛苦。"

事实上，无论我们选择试还是不试，时间总会过去。不试，什么也没有；试，虽然有风险，但总比空虚度过丰富，总会有收获。这里有一个让我们能鼓起勇气来尝试的思维方式，即可能发生的最坏的事情是什么？

柯德特在纽约市一家公司里有一个舒适的职位，但是他想自己当老板，到新罕布什尔经营自己的小生意。他问自己：如果失败了，最坏的事情是什么呢？他想到了倾家荡产。然后他继续问自己：倾家荡产后最坏的事情是什么？答案是他不得不干任何他能得到的工作。之后，最坏的事情可能是他又厌恶这种工作，因为他不喜欢受雇于别人。最终，他会再找一条路子去经营自己的生意，而这一次，有了上一次失败的教训，他懂得了如何避免失败，他就会成功。这样想过之后，他采取了行动，去经营自己的生意，并真的获得了成功。他总结说："你的生活不是试跑，也不是正式比赛前的准备运动。生活就是生活，不要让生活因为你的不负责任而白白流逝。要记住，你所有的岁月最终都会过去的，只有做出正确的选择，你才配说你已经活过了这些岁月。""艰苦的选择，如同艰苦的实践一样，会使你全力以赴，会使你有力量。躲避和随波逐流是很有诱惑力，但是有一天回首往事，你可能意识到：随波逐流也是一种选择——但绝不是最好的一种。"

只有当我们选择尝试时，我们才能不断发现自己的潜力，从而找到最适合自己的事业，并冲破人生难关。

思路突破：冒险奏出生命的最强音

不论何时，只要尝试做事的新办法，人们就会把自己推向冒险之途。假如你想致力于改良事物的现况，就不得不欣然冒险。用罗斯福总统夫人伊莲娜的话说就是：我们必须去做自以为办不到的事。

成功者最大的特点就是具有想用新的点子做实验及冒险的意愿。进取的人和普通人最明显的差别就在于：进取的人在态度上勇于冒险，且具新观念，能鼓舞他人去从事一无所知的事物，而非尽玩些安全的游戏。他们之所以敢于冒险，是因为有冒险力的驱动。如果做事怕冒险的话就没办法把事情做好了。而要冒险，就一定要有足够的勇气及资本。所谓的资本是指冒险力。光凭着第六感觉或运气是没办法安然度过大大小小的风险的。如果一切都在计划之内、意料之中，也就算不上什么冒险了。冒险力就是在无法确定的复杂情势下发挥它的神奇魔力的。

说到冒险精神，人们就会联想到发现美洲新大陆的哥伦布。哥伦布还在求学的时候，偶然读到一本毕达哥拉斯的著作，知道了地球是圆的，他就牢记在脑子里。经过很长时间的思索和研究后，他大胆地提出，如果地球真是圆的，他便可以经过极短的路程而到达印度了。自然，许多自以为有常识的大学教授和哲学家们都嘲笑他的意见。他们觉得，他想向西方行驶而到达东方的印度，岂不是痴人说梦吗？他们告诉他，地球不是圆的，而是平的，然后又警告道，他要是一直向西航行，他的船将驶到地球的边缘而掉下去……这不是等于走上了自杀之路吗？

然而，哥伦布对这个问题很有自信，只可惜他家境贫寒，没有钱让他去实现这个理想。他想从别人那儿得到一点钱，助他成功，但一连等了17年，还是失望，所以，他决定不再向这个"理想"努力了。因为使他忧虑和失望的事情太多了，竟使他的红头发也完全变白了——虽然当时他还不到50岁。

灰心的哥伦布，这时只想进西班牙的修道院，去度过后半生。正在这时候，罗马教皇却怂恿西班牙皇后伊莎贝露帮助哥伦布。教皇先送了65元给哥伦布，算是路费；但他自觉衣服过于褴褛，便用这些钱买了一套新装和一匹驴子，然后启程去见伊莎贝露，沿途穷得竟以乞讨糊口。皇后赞赏他的理想，并答应赐给他船只，让他去从事这种冒险的工作。为难的是，水手们都怕死，没人愿意跟随他走。于是哥伦布鼓起勇气跑到海滨，捉住了几位水手，先向他们哀求，接着是劝告，最后用恫吓手段逼迫他们去。另外，他又请求皇后释放了狱中的死囚，并许诺他们如果冒险成功，就可以免罪恢复自由。

1492年8月，哥伦布率领3艘船，开始了一次划时代的航行。刚航行几天，就有两艘船破了，接着他们又在几百平方公里的海藻中陷入了进退两难的险境。他亲自拨开海藻，才得以继续航行。在浩瀚无垠的大西洋中航行了六七十天，也不见大陆的踪影，水手们都失望了，他们要求返航，否则就把哥伦布杀死。哥伦布兼用鼓励和高压两手，总算说服了船员。

也是天无绝人之路，在继续前进中，哥伦布忽然看见有一群飞鸟向西南方向飞去，他立即命令船队改变航向，紧跟这群飞鸟。因为他知道海鸟总是飞向有食物和适于它们生活的地方，所以他预料到附近可能有陆地。果然，他们很快发现了美洲大陆。

当他们返回欧洲报喜的时候，又遇上了四天四夜的大风暴，船只面临沉没的危险。在十分危急的时刻，他想到的是如何使世界知道他的新发现，于是，他将航行中所见到的一切写在羊皮纸上，用蜡布密封后放在桶内，准备在船毁人亡后，使自己的发现能够留在人间。

哥伦布他们很幸运，终于脱离了危险，胜利返航了。无须赘言，哥伦布如果没有不怕困难、不怕牺牲、勇往直前的进取精神，"新大陆"能被早日发现吗？

哥伦布的探险成功了。

哥伦布那种无畏、勇敢和百折不挠的精神，真值得作为我们的模范。当水手们畏惧退缩的时候，只有他还要勇往直前；当水手们"恼羞成怒"警告他再不折回，便要叛变杀了他时，他的答复还是那一句话："前进啊！前进啊！前进啊！"

看看哥伦布，再看看我们自己，我们没有任何理由不去修正自己，以便建立起敢于打破传统框架、勇于去冒险的坚定信念。然而，可悲的是，固守传统观念的人，崇尚"稳中求胜"，认为"凡人世险奇之事，绝不可为。或为之而幸获其利，特偶然耳，不可视为常然也。可以为常者，必其平淡无奇，如耕田读书之类是也"。可是，随着时代的发展，这种思想已明显落伍。常人的机遇，常人的成功，往往存在于危险之中，你想要美好的机遇吗？你想要事业的成功吗？那就要敢冒风险，投身危险的境地，去探索，去创造，不要瞻前顾后，不要惧怕失败。

免费午餐的背后

记得有这样一个故事,一位国王为子孙后代总结守业的箴言,最后得出的一句经典之语便是:"天下没有白吃的午餐。"这句再贴切不过的话道出了人世间的许多真义。大凡那些等待天下掉馅饼的人,都要为此付出代价。人应摒弃坐享其成的念头,积极努力,去锻造人生的辉煌与成功。

从前有一个帮人杀牛的屠夫,不但技术高超、工作认真,而且为人忠厚老实,长相也相当俊俏,没有任何不良嗜好,真是人见人爱,即使用现在的标准来衡量也属于优秀青年。可由于他家徒四壁,又有个常年卧病在床的老母,小伙子到了成家的年龄,却没有哪家姑娘愿意嫁给他。大家都替他着急,纷纷给他说亲。

一天,有个稀客来找屠夫的主人,说是要给屠夫提亲,对方是县太爷的千金。主人听了惊喜万分,当即把屠夫叫来。

"我身体有残疾,恐怕配不上县太爷的千金。"屠夫面无高兴之色。

"你根本没啥残疾啊!"主人感到甚是奇怪,可又问不出个所以然来,只好作罢,请来人转告县太爷,回绝了这门亲事。邻居听说这件事后,都觉得不能理解,为屠夫感到可惜,都说屠夫不知好歹。

"你们以为这样的好机会,我愿意放弃啊?当然是有原因的呀!"屠夫一脸无奈。

"到底啥原因啊?"有好事者追根问底。

"他的女儿肯定丑得没人敢要。"屠夫答道。

"你又没见过,何以晓得?"有人问。

"依我多年杀牛的经验!每天我一拿到牛肉,就会分出哪些是上等牛肉,哪些是次等牛肉,哪些是下等牛肉,而往往上等牛肉早就有人预定了,最后只剩下那些次等牛肉和下等牛肉没人要，只好贱卖，甚至在每天收摊时白送给别人，不然只有丢掉。所以我推测县太爷的千金一定是长得奇丑无比，不然的话，这样的好事怎么会有我这样一个屠夫的份呢？"众人感到有理，无不佩服屠夫的眼光。

真的应该为屠夫叫好，为他没有落入县太爷的圈套而庆幸。天下没有免费的午餐，便宜的背后肯定是伪装的陷阱。在每个人事业发展的道路上都遍布这样的陷阱，因而要打破坐等免费午餐的观念和想法，需知这样做的结果只会让自己付出惨痛的代价，最终导致一无所获。

思路突破：成功来自积极的努力

成功来自积极的努力，它从不自动上门。有些人以为只要想想机会就会降临，这其实是误区，其结果是很糟糕的。

一位成功者，在取得成功的过程中，他一定付出了艰苦的劳动，一定经过了无数次的失败。

牛顿是世界一流的科学家。当有人问他到底是通过什么方法得到那些非同一般的发现时，他诚实地回答道："总是思考着它们。"还有一次，牛顿这样表述他的研究方法："我总是把研究的课题置于心头，反复思考，慢慢地，起初的点点星光终于一点一点地变成了阳光一片。"正如其他有成就的人一样，牛顿也是靠勤奋、专心致志和持之以恒才取得巨大成就的，他的盛名也是这样得来的。放下手头的这一课题而从事另一课题的研究，这就是他的娱乐和休息。牛顿说过："如果说我对公众有什么贡献的话，这要归功于勤奋和善于思考。"另一位伟大的哲学家开普勒也这样说过："只有对所学的东西善于思考才能逐步深入。对于我所研究的课题我总是追根究底，想出个所以然来。"

英国物理学家及化学家道尔顿不承认自己是什么天才，他认为他所取得的一切成就都是靠勤奋点滴积累而成的。约翰·亨特曾自我评价道:"我的心灵就像一个蜂巢一样,看来是一片混乱,杂乱无章到处充满嗡嗡之声,实际上一切都整齐有序。每一点食物都是通过劳动在大自然中精心选择的。"

突破思维定式

常规思维的惯性,又可称之为"思维定式",这是一种人人皆有的思维状态。当它在支配常态生活时,还似乎有某种"习惯成自然"的便利,所以不能否认它的积极作用。但是,当面对创新时,如若仍受其约束,就会形成对创造力的障碍。

大象能用鼻子轻松地将一吨重的行李抬起来,但我们在看马戏表演时却发现,这么巨大的一个动物,却安静地被拴在一个小木桩上。

因为它们自幼小无力时开始,就被沉重的铁链儿拴在木桩上,当时不管它用多大的力气去拉,这木桩对幼象而言,实在太沉重,当然动也动不了。不久,幼象长大,力气也变大了,但只要身边有桩,它总是不敢妄动。

这就是思维定式。长大后的象,可以轻易将铁链儿拉断,但因幼时的经验一直留存至长大,它习惯地认为(错觉)"绝对拉不断",所以不再去拉扯。从人类来看也是如此——虽被赋予"头脑"这一最强大的武器,但因自以为是而将其搁置一边,于是徒然浪费"宝物",实是愚蠢之人。由此可知,不只是动物,人类也因未排除"固定观念"的偏差想法,而只能以常识性、否定性的眼光来看事物,理所当然地认为"我没有那样的才能",最终白白浪费掉大好良机。除了这种静止地看待自己形而上学的错误外，用僵化和固定的观点认识外界的事物，有时也会带来危害。比如，我们都知道，海水是不能饮用的，可是如果抱定了这种认知，也可能犯下严重的错误。

一次，一艘远洋海轮不幸触礁，沉没在汪洋大海里，幸存下来的9名船员拼死登上一座孤岛，才得以活命。但接下来的情形更加糟糕，岛上除了石头，还是石头，没有任何可以用来充饥的东西。更为要命的是，在烈日的暴晒下，每个人都口渴得冒烟儿，水成了最珍贵的东西。

尽管四周是水——海水，可谁都知道，海水又苦又涩又咸，根本不能用来解渴。现在9个人唯一的生存希望是老天爷下雨或别的过往船只发现他们。

他们等了很久，没有任何下雨的迹象，天际除了一望无际的海水，没有任何船只经过这个死一般寂静的岛。渐渐地，他们支撑不下去了。

8个船员相继渴死，当最后一位船员快要渴死的时候，他实在忍受不住，扑进海水里，"咕嘟咕嘟"地喝了一肚子海水。船员喝完海水，一点儿也觉不出海水的苦涩味，相反觉得这海水非常甘甜，非常解渴。他想：也许这是自己渴死前的幻觉吧，便静静地躺在岛上，等着死神的降临。

他睡了一觉，醒来后发现自己还活着，船员非常奇怪，于是他每天靠喝这岛边的海水度日，终于等来了救援的船只。

后来人们化验这海水发现，这儿因为有地下泉水的不断翻涌，所以海水实际上是可口的泉水。

习以为常、耳熟能详、理所当然的事物充斥着我们的生活，使我们逐渐失去了对事物的热情和新鲜感。经验成了我们判断事物的唯一标准，存在的当然变成了合理的。随着知识的积累、经验的丰富，我们变得越来越循规蹈矩，越来越老成持重，于是创造力丧失了，想象力萎缩了。思维定式已经成为人类超越自我的一大障碍。

思路突破：标新立异能突破思维常规

标新立异者常常能突破人们的思维常规，反常用计，在"奇"字上下功夫，拿出出奇的经营招数，赢得出奇的效果。

亨利·兰德平日非常喜欢为女儿拍照，而每一次女儿都想立刻得到父亲为她拍摄的照片。于是有一次他就告诉女儿，照片必须全部拍完，等底片卷回，从照相机里拿下来后，再送到暗房用特殊的药品显影。而且，在副片完成之后，还要照射强光使之映在别的像纸上面，同时必须再经过药品处理，一张照片才算完成。他向女儿做说明的同时，内心却在问自己："等等，难道没有可能制造出'同时显影'的照相机吗？"对摄影稍有常识的人，在听了他的想法后都异口同声地说："哪有可能？"并列举一打以上的理由说："简直是一个异想天开的梦。"但他却没有因受批评而退缩，于是他告诉女儿的话就成为一种契机。最后，他终于不畏艰难地完成了"拍立得相机"。这种相机的作用完全依照女儿的希望，同时，兰德企业就此诞生了。

亨利·福特也是一位了不起的人。直到40岁，他的生意才获得成功。他没有受过多少正规的教育。在建立了他的事业王国之后，他把目光转向了制造八缸引擎。他把设计人员召集到一起说："先生们，我需要你们造一个八缸引擎。"这些聪明的、受过良好教育的工程师深谙数学、物理、工程学，他们知道什么是可做的、什么是行不通的。他们以一种宽容的态度看着福特，好似在说："让我们迁就一下这位老人吧，怎么说他都是老板嘛。"他们非常耐心地向福特解释八缸引擎从经济方面考虑是多么不合适，并解释了为什么不合适。福特并不听取，只是一味强调："先生们，我必须拥有八缸引擎，请你们造一个。"

工程师们心不在焉地干了一段时间后向福特汇报:"我们越来越觉得造八缸引擎是不可能的事。"然而,福特先生可不是轻易被说服的人,他坚持说:"先生们,我必须有一个八缸引擎,让我们加快速度去做吧。"于是,工程师们再次行动了。这次,他们比以前工作得努力一些了,时间也花多了,也投入了更多的资金。但他们对福特的汇报与上次一样:"先生,八缸引擎的制造完全不可能。"

然而对于福特,在这位用装配线、每天5美元薪水、T型与A型改良了工业的人的字典里,根本不存在"不可能"之说。亨利·福特用炯炯有神的目光注视着大家,说:"先生们,你们不了解,我必须有八缸引擎,你们要为我做一个,现在就做吧。"猜猜接下来如何?他们制造出了八缸引擎。

给自己一个好的改变

每一个人现在所处的境况,正是以往生活态度造成的,所以,若想改变未来的生活,使之更加顺利,必须先改变此时的想法,倘若坚持错误的观念,固执不愿改变,即使再努力,恐怕也体会不到成功带来的喜悦。

下面一个故事,会对我们有所启示。

动物园里新来了一只袋鼠,管理员将它关在一片有着1米高围栏的草地上。

第二天一早,管理员发现袋鼠在围栏外的树丛里蹦蹦跳跳,立刻将围栏的高度加到2米,把袋鼠关了进去。

第三天早上,管理员还是看到袋鼠在栏外,于是又将围栏的高度加到3米,把袋鼠关了进去。

隔壁兽栏的长颈鹿问袋鼠："依你看，这围栏到底要加到多高，才能关得住你？"

袋鼠回答道："很难说，也许5米高，也许10米，甚至可能加到100米高——如果那个管理员老是忘了把围栏的门锁上的话。"

在过往的岁月中，相信您一定非常努力地追求过很多东西，比如财富、名望、爱情、尊严……

你得到了吗？得到之后，幸福与快乐是否也随之而来？而你是否真的快乐？

问题可能在于我们的出发点是否正确。大多数人认为："先让我得到，然后再为快乐操心。"而当他们耗尽心血，使尽手段，终于爬到成功顶峰时，环顾周围，却蓦然发现，自己的家人、朋友、同事竟已被踏在底下，而自己是如此的孤独。

或许这时你不禁要问："我哪里做错了，怎会如此？"而一些从未成功过的朋友，也一直都喜欢问同样的问题。故事中袋鼠的回答应是最好的答案：如果不将栅门锁好，围栏加得再高也是枉然。

每一个人现在所处的境况，正是以往自己所抱的想法造成的。所以，若想改变未来的生活，使之更加顺利，必须先改变此时的想法。坚持错误的观念，固执不愿改变，即使再努力，恐怕也体会不到成功带来的喜悦。

思路突破：人生的精彩在改变中

一个平凡的上班族迈克·英泰尔，37岁那年做出了一个疯狂的决定：他放弃薪水优厚的记者工作，把身上仅有的3美元捐给街角的流浪汉，只带了干净的内衣裤，从阳光明媚的加州，靠搭便车与陌生人的好心，横越美国。

他的目的地是位于美国东岸北卡罗来纳州的"恐怖角"（Cape Fear）。

这是他精神快崩溃时做的一个仓促决定。某个午后他"忽然"哭了，因为他问了自己一个问题：如果有人通知我今天死期到了，我会后悔吗？答案竟是那么地肯定。虽然他有好工作、亲友、美丽的同居女友，他发现自己这辈子从来没有下过什么赌注，平顺的人生从没有高峰或谷底。

他为了自己懦弱的前半生而哭。

一念之间，他选择北卡罗来纳州的恐怖角作为最终目的地，借以象征他征服生命中所有恐惧的决心。

他检讨自己，很诚实地为他的"恐惧"开出一张清单：打从小时候他就怕保姆、怕邮差、怕鸟、怕猫、怕蛇、怕蝙蝠、怕黑暗、怕大海、怕飞、怕城市、怕荒野、怕热闹又怕孤独、怕失败又怕成功、怕精神崩溃……他无所不怕，却又似乎"英勇"地当了记者。

这个懦弱的37岁的男人上路前竟还接到奶奶的纸条："你一定会在路上被人杀掉。"但他成功了，4000多里路，78顿饭，仰赖82个好心的陌生人。

一路上，他没有接受过任何金钱的馈赠，在雷雨交加中睡在潮湿的睡袋里，也有几个像杀手或抢匪的家伙使他心惊胆战。他在游民之家靠打工换取住宿，还碰到不少患有精神疾病的好心人。他终于来到恐怖角，接到女友寄给他的提款卡(他看见那个包裹时恨不得跳上柜台拥抱邮局职员)。他不是为了证明金钱无用，只是用这种正常人会觉得"无聊"的艰辛旅程来使自己面对所有恐惧。

恐怖角到了，但恐怖角并不恐怖。原来"恐怖角"这个名称，是一位16世纪的探险家取的，本来叫"Cape Faire"，被讹写为"Cape Fear"，只是一个失误。

迈克·英泰尔终于明白："这名字的不当，就像我自己的恐惧一样。我现在明白自己为什么一直害怕做错事,我不是恐惧死亡,而是恐惧生命。"

花了6个星期的时间,到了一个和自己的想象无关的地方,他得到了什么?

得到的不是目的,而是过程。虽然他绝不会想要再来一次,但这次经历在他的回忆中是甜美的信心之旅,仿如人生。

真的,人生真不过如此。当你在一个安逸的环境中沉湎得太久时,一切都已成定式,你只是顺着生活的惯性在走路,心中已没有了追求事业和成功的热切渴望。所有的东西都静如止水,进入接近真空的状态,曾经的棱角和锐气被磨平。这样的人是悲哀的,注定在事业上庸庸碌碌,一事无成。

由此,明智的做法应该是从改变自己做起。一个人只有勇于去改变,才能让事业和生活的轨道脱离原来的固有模式,朝着新的方向驰骋。给自己一个好的改变吧,这是你事业成功的必由之路,也是人生对你的要求。

第三章 借口太多导致失败

患上"借口症"

生活中，因各种借口造成的消极心态，就像瘟疫一样毒害着我们的灵魂，并且互相感染和影响，极大地阻碍着人们正常潜能的发挥，使许多人未老先衰，丧失斗志，消极处世。然而，正像任何传染病都可以治疗一样，"借口症"这个心态病也是可以克服的。办法之一就是用事实将借口——驳倒，使它没有理由在我们心中立足。

我们来看看几个常见的借口是如何的荒谬。

年龄借口

两个儿时的玩伴，十几年后聚在一起，大家都大为感慨，于是亲切地聊起来。然而，令人吃惊的是，两人竟都说自己已经"老"了。"现在只是为了孩子赚钱，还有十几年就要退休养老了，没有其他想法了。"

老天，才三十五六岁！怎么就等待退休养老呢？

怪不得我们这个社会有那么多失败者，他们不努力去追求成功，却随意找借口，迎接和等待人生的失败。

按说这两位玩伴现在都具有很好的条件去设立某个目标，努力攀登。遗憾的是，他们竟然放弃了一切追求，年龄的借口和其他的交谈都显露了他们消极失败的心态。三十五六岁就说"老"了。事实恰恰相反，三十五六岁的人生是最有作为、精力最旺盛的时候。因为这个时候，人们因吸收广泛的生活养料而比较成熟，更容易认识和把握自己。

许多大成功者，都是在30~60岁的年龄阶段达到自己事业的顶峰的。北京天安制药集团总裁吕克键，49岁才开始辞职创业；山东乳山百万富翁养蚶专家辛启泰，50岁才从海边滩涂上寻找到成功之路；四川"蚊帐大王"杨百万66岁才从摆小摊开始做生意；美国前总统里根73岁还参加竞选。

拿破仑·希尔对2500人进行了分析，发现很少有人在40岁以前取得事业上的大成功。美国著名的汽车大王福特，40岁还没有迈出成功的重要步伐。美国钢铁大王安德鲁·卡耐基取得巨大成功之时，已过40岁。希尔本人出版第一本成功学著作时已是45岁，之后他为事业成功还奋斗了42年，当他80岁的时候还在出书。

年龄，绝不能成为不成功的借口。

工作中的借口

我们经常会听到这样或那样的借口。借口在我们的耳畔窃窃私语，告诉我们不能做某事或做不好某事的理由，它们好像是"理智的声音""合情合理的解释"，冠冕堂皇。上班迟到了，会有"路上堵车""手表停了""今天家里事太多"等借口；业务拓展不开，工作无业绩，会有"制度不行""政策不好""我已经尽力了"等借口。事情做砸了有借口，任务没完成有借口。只要有心去找，借口无处不在。借口就是一块敷衍别人、原谅自己的"挡箭牌"，就是一副掩饰弱点、推卸责任的"万能器"。

有多少人把宝贵的时间和精力放在了如何寻找一个合适的借口上，而忘记了自己的职责和责任。

寻找借口，就是把属于自己的过失掩饰掉，把应该自己承担的责任转嫁给社会或他人。这样的人，在企业中不会成为称职的员工，在社会上也不是大家可信赖和尊重的人。这样的人，注定只能是一事无成的失败者。

教育和文凭的借口

"我没有受过良好的教育""我没有文凭"，这是不少人常用的借口。事实上学习知识的途径多种多样，学校教育、文凭教育，仅仅是千万条求知途径中的一种。要知道从学校的书本上学东西，常常有很大的局限性，真正的教育来自社会大学和自学。

我们看看那些成功人物的教育与文凭情况："椰树集团"董事长王光兴，初中文凭；"果喜集团"总裁张果喜，小学文凭；治秃专家赵章光，高中文凭；美国钢铁大王安德鲁·卡内基13岁开始工作，几乎没接受什么正规教育；美国石油大王洛克菲勒，高中辍学；日本松下幸之助只有小学四年级的学历；香港富商李嘉诚，初中辍学……这些成功者的知识与能力全靠自学而来。

受到良好的学校教育，当然对成功有帮助，没有受到学校教育、没有文凭的人，只要愿意，自学永远不晚。

资金借口

"我没有资金，所以我不能成功……"

事实是，有资金可以帮助我们成功，但没有资金，只要想办法同样可以创业赚钱，同样可以成功。其实，资金来源途径很多：积少成多地积累，大雪球是由小雪球滚成的；向亲朋好友借钱集资；寻找一个能生财的门路；抓住机会找银行贷款；或找有钱单位和个人合伙；集资入股……许多做大生意的人都不是靠个人的资金,而是充分利用了银行、信用社以及社会闲散资金。

失败者大都喜欢找借口,成功者却大都拒绝找借口,向一切可以作为借口的原因或困难挑战。富兰克林·罗斯福因患小儿麻痹症而下身瘫痪,他是最有资格找借口的。可是他以信心、勇气和顽强的意志向一切困难挑战,居然冲破美国传统束缚,连任四届美国总统。他以病残之躯,在美国历史上,也在人类历史上写下了光辉灿烂的成功篇章。

此外,还有"运气"借口、"健康"借口、"出身"借口、"人际关系"借口等。希尔在他的《思考致富》里将一位个性分析专家编的借口表列出来,竟然有50个之多(在下一节里,我们会继续就失败者的著名托词做出探讨)。希尔说:"找借口解释失败是全人类的惯常做法。这种做法同人类历史一样源远流长,且对成功有着致命的破坏力。"

思路突破:不找借口找原因,不找借口找方法

当你面对失败时,不要寻找借口,而应找出失败的原因。

一个人做事不可能一辈子一帆风顺,就算没有大失败,也会有小挫折。而每个人面对失败的态度也都不一样,有些人不把失败当一回事,他们认为"胜败乃兵家常事"。也有人拼命为自己的失败找借口,告诉自己,也告诉别人:他的失败是因为别人扯了后腿、家人不帮忙,或是身体不好、运气不佳等。在现实生活中,不把失败当一回事的人实在不多,而这种人也不一定会成功,因为如果他不能从失败中吸取教训,就算有过人的意志也没用。但不敢面对失败,老是为失败寻找借口,也不能获得成功。

为自己的失败寻找借口的人一般都不承认自己的能力有问题,固然有很多失败是来自客观因素,是无法避免的,但大部分失败却都是因主观原因造成的。

面对失败是件痛苦的事,就如同自己拿着刀割伤自己一样,但不这样做又能如何？人要追求成功就必须找出失败的原因，以便对症下药。

要找出失败的原因并不很容易，因为人常会下意识地逃避，所以应双管齐下，自己检讨，也请别人批评。自己检讨是主观的，有正确的，也有不正确的；别人批评是客观的，当然也有正确的和不正确的，两者相比较，便能找出失败的真正原因了，这些原因一定和你的个性、智慧、能力有关。你应该好好分析这些问题，诚实地面对，并自我修正。如果能这么做，那你就不会再犯同样的错误，并且成功得比较快。如果一碰上失败就找借口，那你失败的机会很可能会多于成功的机会，因为你并未从根本上解决"病因"，当然也就要时常发病了。

50个著名托词

制造托词来解释失败，这是人们惯常的做法。这种习惯与人类的历史同样古老，这是成功的致命伤！为何人们不放弃他们喜爱的托词？答案是明显的。人们之所以会保护他们的托词，是因为托词是他们制造的！

不成功的人有一种共同的性格特征，他们知道失败的原因，并且有一套托词。

少数托词由事实证明是有道理的，但是托词不能当钱用！世界只希望知道一件事：你成功了没有？

一个性格分析家编了一份常用的托词单子，你在读这份单子时，请细心检讨自己，从而判定这些托词中有多少是你自己常用的。一旦知道了自己的虚伪与无能，你就必须毫不犹豫地抛弃它们，从而更加肯定自己的能力，向成功发起冲刺。

假如我年轻些……

假如我可以做自己想做的事……

假如我生来富有……

假如我能碰到"贵人"……

假如我具有别人的才能……

假如我没有家累……

假如我有足够的"势力"……

假如我有钱……

假如我受过良好教育……

假如我找得到工作……

假如我身体健康……

假如我有时间……

假如生能逢时……

假如人家了解我……

假如周遭情况不同……

假如能重活一遍……

假如我不在乎"他们"说的话……

假如过去让我有机会……

假如我现在有机会……

假如他人没有"怀恨我"……

假如没有任何事阻碍我……

假如我没有这么多烦恼……

假如我嫁(娶)对人……

假如人们不这么笨……

假如我的家人不这么奢侈……

假如我对自己有信心……

假如我不是时运不济……

假如我不是生来命运不佳……
假如"该是什么就会是什么"是不正确的……
假如我不用这么辛苦工作……
假如我没有损失我的财产……
假如我敢维护自己的权利……
假如我曾把握机会……
假如没有人刺激我……
假如我不用料理家务和照顾孩子……
假如我可以存点钱……
假如老板赏识我……
假如有人能帮助我……
假如我的家人了解我……
假如我住在大都市……
假如我能早一步……
假如我有空……
假如我有他人的个性……
假如我不这么胖……
假如人家知道我的才能……
假如我能有个"机会"……
假如我能偿清债务……
假如我没有失败……
假如我知道该怎么做……
假如没有人反对我……

　　朋友，你还想说什么呢？所有这些都只能证明你是弱者！还不行动，更待何时？如果人有勇气正视自我，看清自我，则完全可以发现错误，并加以改正。

假如我年轻些……

假如我可以做自己想做的事……

假如我生来富有……

假如我能碰到"贵人"……

假如我具有别人的才能……

假如我没有家累……

假如我有足够的"势力"……

假如我有钱……

假如我受过良好教育……

假如我找得到工作……

假如我身体健康……

假如我有时间……

假如生能逢时……

假如人家了解我……

假如周遭情况不同……

假如能重活一遍……

假如我不在乎"他们"说的话……

假如过去让我有机会……

假如我现在有机会……

假如他人没有"怀恨我"……

假如没有任何事阻碍我……

假如我没有这么多烦恼……

假如我嫁(娶)对人……

假如人们不这么笨……

假如我的家人不这么奢侈……

假如我对自己有信心……

假如我不是时运不济……

假如我不是生来命运不佳……

假如"该是什么就会是什么"是不正确的……

假如我不用这么辛苦工作……

假如我没有损失我的财产……

假如我敢维护自己的权利……

假如我曾把握机会……

假如没有人刺激我……

假如我不用料理家务和照顾孩子……

假如我可以存点钱……

假如老板赏识我……

假如有人能帮助我……

假如我的家人了解我……

假如我住在大都市……

假如我能早一步……

假如我有空……

假如我有他人的个性……

假如我不这么胖……

假如人家知道我的才能……

假如我能有个"机会"……

假如我能偿清债务……

假如我没有失败……

假如我知道该怎么做……

假如没有人反对我……

　　朋友，你还想说什么呢？所有这些都只能证明你是弱者！还不行动，更待何时？如果人有勇气正视自我，看清自我，则完全可以发现错误，并加以改正。

制造托词来解释失败，这是我们惯常的做法。这种习惯与人类的历史同样古老，这是成功的致命伤！为何人们不放弃他们喜爱的托词？答案是明显的。人们之所以会保护他们的托词，是因为托词是他们制造的！

思路突破：莫让托词成习惯

制造借口是人类的习惯，这种习惯是难于打破的。柏拉图曾经说："征服自己是最大的胜利，被自己所征服是最大的耻辱和邪恶。"

另一位哲学家也有相同的看法，他说："当我发现别人最丑陋的一面正是我自己本性的反应时，我大为惊讶。"艾乐勃·赫巴德说："我对自己一向是个谜，为何人们用这么多的时间制造借口以掩饰他们的弱点，并且故意愚弄自己？如果用在正确的用途上，这些时间足够矫正这些弱点，那时便不需要借口了。"

以往你也许有一种合理的借口，不去追求你的理想，但是这一借口现在应该抛弃了，因为你已经有了开启人生财富之门的万能钥匙。

这把万能钥匙是无形的，却是强大有力的！对你而言，它是所有欲望的金杖。使用这把钥匙，不会受到处罚；但是如果你不使用它，则必须付出代价。这个代价就是失败。如果你使用这把钥匙，将会获得极大的报酬。

这种报酬是值得你全力以赴的。你愿意从此开始，对吧？相信你自己！

你一定会成功的！

执行力在借口中搁浅

成功者总在做事,失败者总在许愿。一个人如果认真考虑过他所负担的责任,那么可以令人信服地说,他会立即采取行动。个人的行动是我们唯一有能力支配的东西,千万别让自己的执行力在借口中搁浅。

人生的时间是有限的,我们应该时刻为成功做准备。但有的人从小养成了拖沓的习惯,并常常用一些漂亮的言辞来掩盖,说什么"我正在分析"。可是数个月过去了,他们还在分析,而没有丝毫执行的迹象。他们没有意识到,他们正在受到某种被称为"分析麻痹症"的病毒的侵蚀,这样只会使他们越陷越深,永远也不能实现自己的梦想。另外一种人爱以"我正在准备"做掩护,一个月过去了,他们仍然在准备,好多个月过去了,他们还没有准备充分。他们没有意识到这样一个严重的问题,他们正在被某种称为"借口"的缺点侵蚀,他们不断为自己制造借口。

有一首著名的诗是这样写的:

他在月亮下睡觉,
他在太阳下取暖,
他总是说要去做什么,
但什么也没做就死了。

当我们还是一个小孩的时候我们对自己说,当我成为一个大人的时候,我会做这做那,我会很快乐;等我们读完大学之后,我们又说,等我找到第一份工作的时候,我会做这做那,我会很快乐;当我们找到第一份工作之后,我们又会说,当我结婚的时候……然后我们又会说,当孩子们从学校毕业的时候,我会做这做那,并得到快乐;当我们退休的时候,真正步入了我们的晚年,我们看到了什么？我们看到了生活已经从我们的眼前走过去了！

什么时候了？我们在哪里？对这个问题的回答是：时间是现在，我们在这里，让我们充分利用此时此刻。这句话的意思并不是说我们不需要计划未来；相反，这正意味着我们需要计划未来。如果我们最大限度地利用此时此刻，立即行动，我们就是在播种未来的种子，难道不是吗？

生活中最可悲、最无用的话语莫过于"它本来可以这样的""我本来应该""我本来能够""如果当时我……该多好啊"。生命不是开玩笑，从来就没有虚拟语气的说法。我们之所以会把问题搁置在一旁，最主要的原因就在于我们还没有学会对自己的人生负责任，这也是我们事后后悔时痛苦不堪的原因。

成功者总在做事，失败者总在许愿。一个人如果认真考虑过他所负担的责任，那么可以令人信服地说，他会立即采取行动。个人的行动是我们唯一有能力支配的东西，千万别让自己的执行力在借口中搁浅。

研究、准备是必要的，但总也走不出这种状态和过程则是不对的。许多机会稍纵即逝，时势也总在发生变化，生活不会静态地耐心等待着你准备得十全十美，完全到位。研究、准备下去，永远不去执行，到头来，除了一头白发之外我们将一无所获。

思路突破：执行，不找任何借口

在美国西点军校，军官向学员下达指令时，学员必须重复一遍军官的指令，然后军官问道："有什么问题吗？"学员通常的回答只能是："没有，长官。"学员的回答就是做出承诺，就是接受了军官赋予的责任和使命。就连站军姿、行军礼等千篇一律的训练，都无一不是在培养学员的意志力、责任心和自制力。在这样的训练中，西点军校的文化慢慢渗透到每一个学员的思想深处。它无时无刻不在激励着你，让你总是具有饱满的热情和旺盛的斗志。

喜欢足球的朋友都知道，德国国家足球队向来以作风顽强著称，因而在世界赛场上成绩斐然。德国足球成功的因素有很多，但有一点很重要，那就是德国队队员在贯彻教练的意图、完成自己所担负的任务方面执行得非常得力，即使在比分落后或全队困难时也一如既往，没有任何借口。你可以说他们死板、机械，也可以说他们没有创造力，不懂足球艺术。但成绩说明一切，至少在这一点上，作为足球运动员，他们是优秀的，因为他们身上流淌着执行力文化的特质。无论是足球队还是个人，如果没有完美的执行力，就算有再多的创造力也不可能有什么好的成绩。

巴顿将军在他的战争回忆录《我所知道的战争》中曾写到这样一个细节。

"我要提拔人时常常把所有的候选人排到一起，给他们提一个我想要他们解决的问题。我说：'伙计们，我要在仓库后面挖一条战壕，8英尺长，3英尺宽，6英寸深。'我就告诉他们那么多。我有一个有窗户或有大节孔的仓库。候选人正在检查工具时，我走进仓库，通过窗户或节孔观察他们。我看到伙计们把锹和镐都放到仓库后面的地上。他们休息几分钟后开始议论我为什么要他们挖这么浅的战壕。他们有的说6英寸深还不够当火炮掩体。其他人争论说，这样的战壕太热或太冷。如果伙计们是军官，他们会抱怨他们不该干挖战壕这么普通的体力劳动。最后，有个伙计对别人下命令：'让我们把战壕挖好后离开这里吧。那个老畜生想用战壕干什么都没关系。'"

最后，巴顿写道："那个伙计得到了提拔。我必须挑选不找任何借口地完成任务的人。"

对我们而言，无论做什么事情，都要记住自己的使命，用行动来证明自己的能力。特别是梦想创造财富的年轻人，更应当注意，执行高于一切空谈，因为空谈只会让财富离你而去。记住，不要用任何借口来为自己开脱或搪塞，完美的执行是不需要任何借口的。

借钱的学问

西方生意经中有句名言：只有傻瓜才拿自己的钱去发财，聪明的人都善于借别人的钱去赚钱。现实中，很多人想创富，但又抹不开面子去跟别人借钱，导致财富无法拓展。即便是决定向别人借钱，也要罗列出一大堆借口，这对问题的解决实际毫无帮助，反而会阻碍了自己的发展。人心里应该明白，抹不开面子本身就是一种借口，重要的是如何突破自己。

向别人借钱，总觉得难以启齿。其实，向人借钱应当直截了当地提出来，不必啰唆地向对方解释这解释那。对方愿意的话，你不用多说他也会借给你。反之，即使你有纵横家的口才也不能帮自己借到一分钱。你直接提出借钱，对方不答应，你只要说声"没关系"就是了，谈不上什么尴尬下不了台。如果你先讲了一大堆借口，对方却依旧拒绝了，这样反而使双方都很尴尬。借钱给对方时，双方应先协商好还钱日期和利息等事项，这样就不至于让对方产生"受人施舍"的感觉，心理上的障碍就可以顺利地排除，朋友之间也不至于出现裂痕。

对我们大多数人来说，伸手向人借钱是一件十分难堪的事。这主要是因为我们"缺钱花是不体面的"这种心理在作怪。在这种心理作用下，向人借钱时，总是不好意思开口。在向人借钱之前，先做一番充分的思想准备，包括考虑怎样拉开话题，怎样过渡到借钱之事上来等。而当真正面对借钱对象时，却觉得最要紧的那句话犹若千钧重担压住了舌尖，难以吐出。结果，彼此都道了"再见"了，还是没提借钱之事！

有些人则有他们的"绝招"。向人借钱时，总要竭力掩饰缺钱花的真相，非要编出些"体面"的借口才行，诸如"××借了我的钱到了期仍未归还""我银行里有钱，但取款不方便。先向你借一点，过几天薪水来了就给你""这次出门钱带少了点"等，不胜枚举。其实，这些借口都是毫无必要的。卡耐基曾这样对人们说："你借钱的对象并不介意这些，他们十分明白你是在为自己找台阶下，以挽回些面子。他（她）若愿意帮助你，是不会追究你缺钱的原因的，也不会因为你向他（她）借钱就小看你。如果他（她）要蔑视你的话，你找借口，他（她）反倒在心里讥笑你。"因此，借钱时无须绕弯子，不妨开门见山地提出来。

思路突破：借别人的钱来造势

美国亿万富翁马克·哈罗德森说："别人的钱是我成功的钥匙。把别人的钱和别人的努力结合起来，再加上你自己的梦想和一套奇特而行之有效的方案，然后，你再走上舞台，尽情地指挥你那奇妙的经济管弦乐队。其结果是，在你自己的眼里，会认为这不过是雕虫小技，或者说不过是借别人的鸡下了蛋。然而，世人却认为你出奇制胜，大获成功。因为，人们根本没有想到，竟能用别人的钱为自己做买卖赚钱。"

没有本钱怎样发大财呢？借贷是行之有效的手段。当然，借钱就得付出利息，但你不要害怕，你利用别人的钱来赚钱，你赢得的部分，可能远远超出了你所付的利息。

美国船王丹尼尔·洛维格的第一桶金，乃至他后来数十亿美元的资产，都是借鸡生的"金蛋"。可以说，他整个事业的发展是和银行分不开的。

当他第一次跨进银行的大门，人家看到他那磨破了的衬衫领子，又见他没有什么可作抵押的，自然拒绝了他的申请。

他又来到大通银行，千方百计总算见到了该银行的总裁。他对总裁说，他把货轮买到后，立即改装成油轮，他已把这艘尚未买下的船租给了一家石油公司。石油公司每月付给的租金，就用来分期还他要借的这笔贷款。他说他可以把租契交给银行，由银行去跟那家石油公司收租金，这样就等于在分期付款了。

许多银行听了洛维格的想法，都觉得荒唐可笑。大通银行的总裁却不那么认为。他想，洛维格不名一文，也许没有什么信用可言，但是那家石油公司的信用却是可靠的。拿着他的租契去石油公司按月收钱，这自然会十分稳妥。

洛维格终于贷到了第一笔款。他买下了他想要的旧货轮，把它改成油轮，租给了石油公司。然后又利用这艘船作抵押，借了另一笔款，从而又买了一艘船。

洛维格的成功与精明之处，就在于他利用那家石油公司的信用来增强自己的信用，从而成功地借到了钱。

这种情形继续了几年，每当一笔贷款付清时，他就成了这条船的主人，租金不再被银行拿走，顺顺当当进了自己的腰包。

当洛维格的事业发展到一定阶段时，他嫌这样贷款赚钱的速度太慢了，于是又构思出了更加绝妙的借贷方式。

他设计一艘油轮或其他用途的船，在还没有开工建造，还处在图纸阶段时，他就找好一位主顾，与他签约，答应在船完工后把它租给他。然后洛维格才拿着船租契约，到银行去贷款造船。

他先租借别人的码头和船坞，继而借银行的钱造自己的船。不久后，他有了自己的造船公司。就这样，洛维格靠着银行的贷款，爬上了自己事业的巅峰。

财富源自积累

许多人不懂得资金的积累是创富的必备条件,他们挥霍无度。"人无横财不富,马无夜草不肥""财富不是靠积累而是靠豪夺而得到的……"这些都是失败者的借口,要知道,大钱都是由小钱积累起来的。你平日忽视的一块钱,就可能带有巨大的魔力。

有许多年轻人经常夸耀说,他们每月可以赚很多的钱,但拿到之后总是花个精光,他们从来不愿存一分钱。有了这种习惯的年轻人到了晚年,也剩不下几个钱,他们晚年的景象必定会十分凄凉!

许多年轻人往往把本来应该用于发展事业的资本,用到时髦的嗜好或娱乐方面。如果他们能把这些不必要的花费节省下来,积少成多,一定可以为将来事业的发展奠定一个坚实的基础。

年轻人之所以一踏入社会就花钱如流水,胡乱挥霍,是因为他们从不知道金钱对于事业的价值。他们胡乱花钱的目的只是想让别人觉得自己"阔气"。

即使是在隆冬季节,当他们与女友约会时,也非得买些价格昂贵的鲜花或各种糖果等小玩意儿。他们也许不曾想到,这样费尽心机、花费钱财追来的妻子,将来也绝不会帮他们积蓄钱财,而只会花钱如流水。一旦他们品尝了挥霍带来的恶果,便又开始埋怨当初的恶习,紧接着,不懂积蓄等又成为他们的现成借口,于是继续借着它们去掩饰一生不能成功的现实。

思路突破:一枚铜币的魔力

很久以前,有个年轻人,在大街上捉到一只老鼠。他把老鼠送到一家药铺,得到了一枚铜币。他用这枚铜币买了一点糖浆,兑上水给花匠们喝后,花匠们每人送他一束鲜花。他卖掉这些鲜花,便积聚了8个铜币,买了一些糖果。

一天，风雨交加，御花园里满地都是被狂风吹落的枯枝败叶。年轻人对园丁说："如果这些断枝落叶全归我，我可以把花园打扫干净。"园丁们很乐意："先生，你都拿去吧！"年轻人走到一群玩耍的儿童中间，分给他们糖果，顷刻之间，他们帮他把所有的断枝落叶捡拾一空。皇家厨工到御花园门口看到这堆柴火，便买下运走，年轻人得到了16个铜币。

年轻人在离城不远的地方摆了一个水罐，供应500个割草工人饮水。不久他又结识了一个商人，商人告诉他："明天有个马贩子带400匹马进城。"听了商人的话，他对割草工人说："今天请你们每人给我一捆草，行吗？"工人们很感激年轻人为他们提供饮水，便都很慷慨地说："行！"马贩子来了之后，需要买饲料，只有年轻人这里草多，他便出1000个铜币买下了这个年轻人的500捆草。

几年后，年轻人成了远近闻名的富翁，他发家的本钱是用一只老鼠换来的一枚铜币。很多时候，富翁就诞生在我们身边，那些做小生意的人说不定哪天就成了大商人。

以上这个小故事生动地告诉我们积累资金的方式。即使是一枚看似平常的铜钱，也身具惊人的魔力，只要我们懂得利用它，就可以凭借微不足道的资金实现我们的创富计划。这对于那些大肆挥霍、不懂得积累的人们来说是一个警醒：当他们再一次埋怨没有创富的资本时，这本身已构不成一个理由！

第四章 职场大舞台，爱拼才会赢

不敢抗争

> 由于一些人长期以来养成了逆来顺受、任劳任怨、安分守己等"傻气"，使得自己在职场中连连吃亏。他们的这些特点如同一堵堵墙般紧紧将其包围，让他们处在"苟延残喘"的境地……

有的人总是逆来顺受，任劳任怨，安分守己，埋头苦干，对人对事谨小慎微，从不会随便得罪别人，即使别人得罪了自己，也不会怀恨在心，更不会以牙还牙。对于别人的一点点恩惠，也牢记心中找机会给予报答。他是被欺压的绝好对象，最苦最累没人肯干的工作必定是给这种人去干，最有油水可捞的事必定与他无缘。

这些人是理所当然的"受气包"。他们最基本的特征就是埋头苦干，不争不夺，害怕受到伤害，害怕承担责任，不敢突破常规，不敢表现情绪……做什么事都瞻前顾后，畏首畏尾。

这些人总是一味地忍让、退缩，主张以"和"为贵，强调以"忍"为上，结果往往不能守住自己的底线，不战而降。

这些人总想当然地认为，只要遵守原则，就会自然而然地得到想要的结果，去争夺是对原则的一种违背，因而是不道德的也是不可取的。老实人以安分守己为美德，以争权夺利为丑恶，以不争为高尚。但是在现代社会，不敢争斗，不去争斗就不会有机会送上门来，更不会有免费的午餐供你享用。

然而任何的争夺都要冒一定的风险，任何的斗争都可能会有流血牺牲，一些人被这种可能的后果震慑，从此便变成了软弱者，处处吃亏，处处被人占便宜。

思路突破：要勇于抗争

一些人日夜苦干，可到头来，一切功劳却被"大尾巴狼"一口叼走，实在是可怜。这种情况在职场中最为突出。

如果你是初进公司，而又有比较突出的工作能力和较高的学历。心胸豁达的上司认为你是可用之才，也许会大力提拔你。小心眼的上司却会对工作突出的你耿耿于怀，怕你抢了他的风头，阻碍他的仕途。小心眼上司的最大特征是将他人的业绩揽到自己头上，还时不时使个绊子。使绊子倒还不影响工作情绪，最怕的是业绩被抢，完成工作的成就感刹那间灰飞烟灭，个人在公司里的价值似乎也荡然无存，除了心寒，还有什么？

小吾从毕业时进入的公司跳槽出来后，在一家刚成立的咨询公司做客户工作。3个多月做下来，小吾发现，自己做成的客户，汇报到老板那里却都变成了顶头上司的业绩。顶头上司原本是凭借骄人的工作经历被招进公司直接做客户总监的，仅比小吾早进公司2个多月。据说客户总监在小吾进公司前业绩平平，小吾进公司后，才有了点"高歌猛进"的意味("高歌猛进"是老板在工作总结会上的表扬用词），而老板完全不知道这其中有很多是小吾的成绩。小吾与朋友们说起这些事，最常用的一个词是"郁闷"。如果不是就业形势不乐观，小吾可能已经开始寻找下一家公司了。可是现在，难道只有忍气吞声吗？

忍气吞声固然是职场中人棱角磨圆的表现，但胆识仍是职业成功不可或缺的要素。其实，最经济的办法就是不动声色地抗争，利用和老板直接对话的机会汇报自己的工作，多提对公司发展有价值的建议。这样你的业绩显而易见，更不会给那些小心眼的上司留下可乘之机。

无论职位高低，所有的员工都是给老板打工的，所有的老板都希望员工忠于自己。只要在老板心目中确立良好的人格地位，你的"大尾巴狼"上司想抢你的业绩就难了。

为人本分，羞于争利

人们常常羞于争利，以为争取利益这件事本身不符合道德标准。这种传统的道德观已明显不符合现代社会的价值取向，使这些人在职场中变得无所适从，利益也受到极大的损害。于是，我们的当务之急是，要以新的利益观和道德观去衡量自己的所得，做好角色的转换。

有些人总是本本分分，规规矩矩，他们在工作上任劳任怨，在生活上洁身自好，各个方面都达到了社会规范的要求，在领导眼里往往也算是很听话的，在群众中形象也是公认得好。然而，他们却总是吃亏。也就是说，遵守规则的并没有得到奖励，而违背规则者却获利甚丰。这种现象看似不正常，但却很普遍地发生在我们身边，久而久之，反倒成为正常现象。为什么我们总是吃亏？这与我们羞于争取自己分内利益的心态有直接的联系。

有些人极端重视道德和规则，认为自己去争取利益这件事本身不符合以道德为核心的道德标准。

有些人总是认为"争"便是不道德，因为道德的行为是讲究无私奉献，只讲付出、不求索取的。但事实上，争取自己的分内利益是一个与道德无关的问题，按劳分配、等价交换乃是天经地义的公理。有些人看不到这一点，在他们眼里，争取利益是一件不具道德优势的事。

思路突破："锱铢必较"不丢人

有些人不争利，不屑于抓住自己该得的每一分钱，也不知道该获取的利润绝不能放手的道理。关于这一点，这些人应该向有经济头脑的人学习。

有经济头脑的人在商场上，绝对容不得模棱两可、马马虎虎。特别是在商定价钱时，他们非常仔细，对于利润的一分一厘，他们都计算得极其清楚。

只要他们认为该赚钱的地方，他们一定会脸不红心不跳、不卑不亢地把它赚回来。在长期的商场磨炼中，有经济头脑的人练就了闪电般心算的能力。

某导游引导某有经济头脑的人参观一个半导体收音机工厂，该人问道："女工每小时的工资是多少？"

导游一边盘算着一边说：

"女工们平均薪水为25000元，每月工作日为25天，一天1000元，每天工作8小时，那么1000用8除，每小时125元，换算成美元等于……"

花了两三分钟，那导游才计算出答案，可那位提问的人，听到月薪25000元后立即就想到"那么每小时35美金"。他早已根据女工人数与生产能力及原料等，算出生产每部晶体收音机工厂能赚多少钱。

有经济头脑的人因为心算快,所以他们经常能做出迅速的判断,这使他们在谈判中能镇定自若,步步紧逼,直至大获全胜,在商场上游刃有余。

对于他们来说,精于计算,是为了锱铢必较。他们认为,该获取的利润绝不应放手。他们既能考虑周全,又能迅速地计算出结果。把两者结合起来,便是他们的聪明之处,也是他们善于做生意的诀窍之一。这一点我们应该好好地学习学习。

自我推销是人生难题

有些人不爱表现自己,使自己的优点得不到充分的展示。很多人不懂得什么叫"自我推销",他们把自己严严实实地包裹起来,不让别人发现自己,其结果是在职场中默默无闻地度过一生。

一个人若想获得成功,必须善于推销自己。推销自己是一种才华、一种艺术。有了这种才华,你就不愁吃,不愁穿了,因为当你学会了推销自己,你就几乎已可推销任何值得拥有的东西。有的人具备了这项才华,而有的人就不这么幸运了。

每天我们都在推销——不论我们对推销是否在行。

当我们推销自己的时候,我们必须对种种情况有所了解。

我们是什么人?我们必须提供的是什么?我们的优点在哪儿?缺点呢?别人对我们有什么反应?我们的目的又何在?

对这些探测性的问题,必须以我们所认识的最确切的方式来回答,因为它是设立一个推销计划的基础,不论是政治界还是商业界都一样。每一个人都必须找出自己的答案、自己的特点、自己的风格。跟你亲近的人士，也许不好意思指出你的缺点——奇装异服、不良习惯等，因此当你考虑推销自己的最佳方案时，不得不诚实地对自己评价一番。

"你要推销的第一个对象，是你自己。"心理医生罗西诺夫说，"你越练习好像对自己很有信心，就越能造成一种你很行的气氛。你必须感觉到，你有权呼吸，占据一个空间，并感觉到很自在。"你的态度全部反映在你的举手投足之间。

一个感到自在的人，就会坐在整个椅面上，而不会只坐在边缘上。如果他是个高大的人，他就不会缩着脖子。"推销自己时可信程度的重要性，远超过任何你要推出的产品或观念。你必须有办法直直地盯住对方的眼睛，使他深信你是个可靠的人。"

例如，在找工作的时候，尽可能把你成功的例子呈现出来。对一位艺术家或作家来说，这种过程是传统性的；但对其他人来说，这同时可以很有效地表现出你如何解决一个特殊的问题。如果你曾帮忙创造了一项产品，你应该拿出照片来，加上一段简短的文字，说明该产品优于其他产品的特点。常常一种视觉上的印象，会比单是文字的说明更具有深刻而长久的效果，而且也会比你的自述强得多。

推销自己时你一定要看起来很有信心，绝不能表现出很害怕的样子，让人觉得你好像刚被人从一架飞机中推出来一样。

最重要的是，你要认为你有资格担任那项职务，如果你被雇用的话，你认为你会做得很好。

此外，当你推销自己的时候，别担心做错事。但一定要从错误中得到教训。

思路突破：学会自我推销的技巧

推销自我对一个人的成功来说十分重要。推销自我一般有如下几种技巧：

要学会表现自己

青年人大多喜欢表现自己，但如果表现不好，就容易给人一种夸夸其谈、轻浮浅薄的印象。因此，最大限度地表现你的美德是最好的办法，这是你的行动而不是你的自夸。

靠别人发现，终归是被动的。靠自己积极地表现，才是主动的。成功者善于积极地表现自己最高的才能、德行，以及各种各样的处理问题的方式。这样不但表现了自己，也吸收了别人的经验，同时获得了谦虚的美誉。学会表现自己吧——在适当的场合、适当的时候，以适当的方式向你的领导与同事表现你的业绩，这是很有必要的。

将期望值降低一点

人有百种，各有所好。假如你投其所好仍然没能被对方接受，你就应该重新考虑自己的选择。倘若期望值过高，目光盯着热门单位，就应该适时将期望值下降一点，换一个稍稍冷门的单位，或到一个与自己专业技术相关的行业去自荐。美国咨询专家奥尼尔说："如果你有修理飞机引擎的技术，你可以把它变成修理小汽车或大卡车的技术。"

适当表现你的才智

一个人的才智是多方面的，假如你想表现你的口语表达能力，你就要在谈话中注意语言的逻辑性、流畅性和风趣性；如果你想要表现你的专业能力，当上司问到你的专业学习情况时就要详细说明，你也可以主动介绍，或者问一些与你的专业相符的新工作单位的情况；如果你想要让上司知道你是一个多才多艺的人，那么当上司问到你的兴趣爱好时就要趁机发挥或主动介绍，以引出话题，如果上司本身就是一个爱好广泛的人，那么你可以主动拜师求艺。至于表现自己的忠诚与服从，除了在交谈上力求热情、亲切、谦虚之外，最常用的方式是采取附和的策略，但你要尽量讲出你之所以附和的原因。上司最喜欢的是你能给他的意见和观点找出新的论据，这样既可以表现你的才智，又能为上司教育别人增加说理的新材料。

推销自己应自然地流露而不是做作地表现。成功者从不夸耀自己的功绩，而是让其自然地流露。在你向领导汇报工作时，不妨说："我做了某事……但不知做得怎么样，还望您多多指点，您的经验丰富。"这样，你好像是在听取领导的指点，而实际上你已经表现了自己，又充分体现了你谦虚的美德。如果你以请功的口气直接向你的领导说，我做了某事，这事很不简单，做起来真不容易，其具有多么高的价值。这样，你只会降低自己在领导心目中的价值。

唯唯诺诺，职场大病

唯唯诺诺，是退缩、软弱、依赖、懈怠的表现；唯唯诺诺，使你的才干被埋没，使领导对你的才干产生怀疑，使你难以创造出令领导满意的工作业绩，最终导致你只能待在被遗忘的角落……

什么是唯唯诺诺？它是下属没有自信、没有魄力、缺乏勇气的一种表现。唯唯诺诺者多遵守纪律，乐于服从，但在许多情况下，这种服从对领导者来说是一种没用的服从。因为这种人给人的感觉便是难当重任，不可能创造性地开展工作，也难独当一面地成为领导的"台柱子"。

所以，下属要想获得领导的重视，使自己成为一个对领导有用甚至是其离不开的人，就要尽量避免唯唯诺诺的表现。

正如曾在日本电力公司服务、被人称为"公司之鬼"的松永安左卫门说的那样:"人要有气魄,只要有气魄,天下无难事。丧失气魄的人,就没救了。有气魄者,地位、金钱,均可纷至沓来。"

下属能够取信于领导,能够为领导所重视,最重要的是要有实力。下级应表现自己的才干和魄力,能够替领导解决问题,领导才不会忽视你。而唯唯诺诺者靠的则是领导的怜悯,一旦他不再需要你时,你便会变得一无是处,而且,你的软弱表现还会助长他的侵害性行为,他会随意地拿走你应得的奖赏。

唯唯诺诺,会使领导对你的才干产生怀疑;唯唯诺诺,是一种消极的行为方式,表现的是人的性格中不进取、不强大的一面。而许多工作的开展,则特别需要人的勇气、毅力、坚韧、果断、积极主动的态度和创造性精神。显然,唯唯诺诺者不会让领导感到放心,不敢把重担交付给你。一旦领导对你产生缺乏才干、没有气魄的印象,你将会失去很多宝贵的机遇。毕竟,每一个下级都不想一辈子碌碌无为,永远停留在被领导的位置上。

唯唯诺诺,会使你创造不出使领导满意的工作实绩。唯唯诺诺者有一个特征,就是喜欢依赖别人,不能够脱离领导的直接指挥和明确指示而独立地开展工作,在工作中也是谨小慎微,不敢有所创新。试想,领导要把一部分工作交给下属去做,是因为他觉得自己的下属能很好地完成它。如果你事事需要得到上级的确切命令才能行事,这就等于把他分配给你的工作又踢了回去,他一定不会高兴的。

事实上,要做好任何一件事,都是离不开人的勇气和胆识的。而一个没有工作实绩,在领导眼中是无能之辈的下属,想获得领导的重用,这种可能性实在是太小了。

思路突破：做事要有主见

索菲娅·罗兰是意大利著名影星，自1950年从影以来，已拍了60多部影片。她的演技炉火纯青，曾获得1961年度奥斯卡最佳女演员奖。她16岁时来到罗马，要圆她的演员梦。但她从一开始就听到了许多不利的意见。用她自己的话说，就是她个子太高，臀部太宽，鼻子太长，嘴太大，下巴太小，根本不像一般的电影演员，更不像一个意大利式的演员。

制片商卡洛看中了她，带她去试了许多次镜头，但摄影师们都抱怨无法把她拍得美艳动人，因为她的鼻子太长，臀部太"发达"。卡洛于是对索菲娅说，如果你真想干这一行，就得把鼻子和臀部"动一动"。索菲娅可不是个没主见的人，她断然拒绝了卡洛的要求。她说："我为什么非要长得和别人一样呢？我知道，鼻子是脸庞的中心，它赋予脸庞以性格，我就喜欢我的鼻子和脸保持它的原状。至于我的臀部，那是我的一部分，我只想保持我现在的样子。"她决心不是靠外貌而是靠自己内在的气质和精湛的演技来取胜。她没有因为别人的议论而停下自己奋斗的脚步。

她成功了，那些有关她"鼻子长，嘴巴大，臀部宽"等的议论都"自息"了，这些特征反倒成了美女的标准。索菲娅在20世纪行将结束时，被评为这个世纪"最美丽的女性"之一。

索菲娅·罗兰在她的自传《生活与爱情》中这样写道："自我开始从影起，我就出于自然的本能，知道什么样的妆容、发型、衣服和保健最适合我。我谁也不模仿。我从不去奴隶似的跟着时尚走。我只要求看上去就像我自己，非我莫属……衣服方面的高级趣味反映了一个人健全的自我洞察力，以及从新式样选出最符合个人特点的式样的能力……你唯一能依靠的真正实在的东西……就是你和你周围环境之间的关系，你对自己的估计，以及你愿意成为哪一类人的估计。"

索菲娅·罗兰谈的是妆容和穿衣一类的事，但她深刻地触到了做人的一个原则，就是凡事要有自己的主见，"不去奴隶似的"盲从别人。你要尊重自己的鉴别力，培养自己独立思考的能力，而不要像墙头草一样，哪边风大就往哪边倒。

小泽征尔是世界著名的交响音乐指挥家。在一次欧洲指挥大赛的决赛中，小泽征尔按照评委给他的乐谱指挥乐队演奏。指挥中，他发现有不和谐的地方。他以为是乐队演奏错了，就停下来重新指挥演奏。但还是不行，"是不是乐谱错了？"小泽征尔问评委们。在场的评委们口气坚定地说乐谱没问题，"不和谐"是他的错觉。

小泽征尔思考了一会儿，突然大吼一声："不，一定是乐谱错了！"话音刚落，评委们立刻报以热烈的掌声。原来，这是评委们精心设计的"圈套"。前两位参赛者虽然也发现了问题，但在遭到权威的否定后就不再坚持自己的判断，终遭淘汰。而小泽征尔不盲从权威，"认真"了，就不怕别人，哪怕是权威"非之"。他最终摘取了这次大赛的桂冠。

还有一个类似的故事：

在一家医院，一位大夫在给病人做完手术后，对一旁第一次做助手的护士说："我们一共在患者体内放了11块棉球，都取出来了吧？"年轻的护士回答："大夫，是12块棉球，还有1块没有取出来。"大夫生气地说："我记得很清楚，是11块，不会错的。"护士低头又仔细数了数手中盘子里的棉球，然后抬起头，说："大夫，是12块，还少一块。"这时大夫笑了，他挪开了脚，让护士看——地上有一块棉球，刚才他故意藏在了脚下。

谁都知道竞争残酷

在有些人的字典里，没有"竞争"二字，失败者从来不参与竞争。他们的处世原则是与世无争，另外他们也认为自己没有竞争的能力，在心底把自己归为弱者一类。其实，谁都不是天生的强者，任何人的竞争意识都不是与生俱来的，而是在后天的奋斗中逐渐形成的。通过学习，谁都能有胆有识，敢于竞争。

有人说，人生就是一个竞技场，"物竞天择，适者生存"，不管是什么人，要想活得顺利，活得滋润，活得舒适，活得幸福，就必须积极参与到同周围人"争名逐利"的竞争中去。

在有些人的字典里，没有"竞争"二字，他们从来不参与竞争。他们的处世原则是与世无争，另外他们也认为自己没有竞争的能力，在心底把自己归为弱者一类。

其实，谁都不是天生的强者，任何人的竞争意识都不是与生俱来的，而是在后天的奋斗中逐渐形成的。通过学习，谁都能有胆有识，敢于竞争。

不要因为弱小而不敢与人竞争，弱者有自己生存的方式，要相信弱者不败，要勇敢面对敌人。

自然界有一条定律，弱者自有自己的空间。的确，无论是强者还是弱者都有一套适应自然法则的本领，只要你认真地生活着，只要你拥有自己游刃有余的空间，充分发挥自己的优势，你的优势会弥补你的不足，你定能获得别人苦苦求索也无法得到的东西。

另外，弱者在强大的竞争丛林中生存也是一种本领。自然界中有一类攀缘的植物，在高大树木的夹缝中生存，从而给自己找到一个安全的空间。在人类社会中，弱者同样可以生存于夹缝之中。为什么呢？因为强者并非一人。在几个强者之间的激烈竞争过程中，往往会产生一个真空地带。这是强者送给他们的大好机会。

总之，在自然界与人类社会中并无绝对的强弱之分，如果你是弱者，不妨聪明地保护自己，在强者与强者之间的夹缝中寻找广阔的天地。

思路突破：积极竞争才能赢

竞争是文明世界赖以诞生、存在和发展的内驱力，它也是对自我消极状态的一种尖锐挑战。

投入有益的竞争，就能激发自己的创造活力；参与有益的竞争，才会推动群雄竞技，造成百花齐放、百家争鸣、百业兴旺的局面。

在崇尚竞争、尊崇超越的知识经济社会，不论你是否愿意，你实际上都处于激烈的竞争之中。如缺乏竞争意识或不愿投入竞争，就会被无情的竞争大潮所吞没。

要树立战胜高手、又不怕败于高手的心理。宁可100次败在高水平的人面前，也不去花费时间100次地战胜能力平平的人。

竞争是推动人们去重视人才、开发人才、培养人才的火车头。正当的竞争是促进人才成长和事业发展的重要因素。人才竞争是社会竞争的核心，竞争能刺激社会对人才的需求，这种社会需求，是人才辈出的强大驱动力。竞争也能使人们转变价值观念，将人才推到风口浪尖上展示才华。竞争中所产生的压力，能在奋斗者身上转化为进取的动力。竞争也是使人们提高目标期望、培养创新意识、激发创造力的熔炉，是推动人们拼搏不已的长鞭。

从宏观上看，竞争能优化人才资源的配置，能优化人才的结构和素质。同时，竞争也是发掘人才和选拔人才的良好途径。

既然竞争是人才成长的良好动因，那么，成才者就要努力营造竞争环境，并适应这种你追我赶、不甘落后、奋勇争先的气氛。在欧洲，曾流传着两句格言："当你走入失败者之群的时候，你会发现，他们之所以失败，都是因为他们从来不曾走进鼓励人前进的环境。""一个人要善于从迟疑、消极、烦闷中走出来，并进入激励奋发者的环境，因为这种环境是无价之宝。"在竞争环境中，要效法先行者，必须奋起直追，为了使自己不被淘汰，就要奋争不已。这样，才能激发并保持争先创优的强者心理。而一旦失去竞争的环境，就容易使人安于现状，不思进取，最终为社会所淘汰。

竞争使你无法平庸，无法松懈，无法抑制自己夺魁的欲望，除非你自甘销声匿迹。

积极"加盟"竞争，并在竞争中锻造才气和智慧，这才是我们的正确选择。

自身的分量取决于自己

一个人只有看重自己的分量，别人才会同样看得起你，所以一个人无论能力大小、地位高低、条件好坏，都应有充分的自信，而不应自感低人一等，这种平等观念是职场中人所应具备的。

名作家杏林子的《现代寓言》里有这样一个故事：有一只兔子长了三只耳朵，因而备受同伴的嘲讽，大家都说他是怪物，不肯跟他玩。为此，三耳兔很是悲伤，时常暗自哭泣。

一天，他终于下定决心，把那一只多出来的耳朵忍痛割掉了，于是，他就和大家一模一样，也不再遭受排挤，他感到快乐极了。

时隔不久，他因为游玩而进入另一片森林。天啊！那里的兔子竟然全部都是三只耳朵，跟他以前一样！但由于他已少了一只耳朵，所以这里的兔子们嫌弃他，不理他，他只好快快地离开了。从此，他领悟到一个真理：不相信、不看重自己，只会让人看不起你，因为别人总是通过你的眼光来看你的。

这个寓言提醒了人们，要想别人尊重你，首先就要尊重自己，这是一个不变的准则。有些人在职场中生存，受到别人的欺负和挤兑，饱受冷落和打击，实属一个没有分量的小人物，这跟他们一贯看轻自己的行事风格是密不可分的。所以我们要学会不卑不亢，尽力去摆脱"人为刀俎，我为鱼肉"的局面。

思路突破：自重方能赢得他人尊重

现实生活中，人需要彼此尊重，在比自己强的人面前，不要畏缩；在比自己弱的人面前，不要骄纵。学问有深浅，地位有高低，但所有的人，人格都是平等的。

世界名著《简·爱》中的男主人公罗彻斯特身为庄园主，财大气粗，对女主人公说过："我有权蔑视你！"他自以为在地位低下又其貌不扬的简·爱面前，有一种很"自然"的优越感。但有坚强个性又渴望平等的简·爱，坚决地维护了自己的尊严，寸步不让，反唇相讥："你以为我穷、不好看就没有自尊吗？不！我们在精神上是平等的！正像你和我最终将通过坟墓平等地站在上帝面前一样。"这番话强烈地震撼了罗彻斯特，使他对简·爱产生了由衷的敬佩。

心理学家的研究表明，希望自己受人尊重、爱好荣誉是每个人的高级心理需求，是无可厚非的。虽然想受人尊重要经过别人的权衡，但实际上却取决于每个人自尊的程度。

有一则寓言很有意思：

一天，龙王与青蛙在海滨相遇，打过招呼后，青蛙问龙王：

"大王，你的住处是什么样的？"龙王说："珍珠砌筑的宫殿，贝壳筑成的阙楼；屋檐华丽而又气派，厅柱坚实而又漂亮。"龙王说完，问青蛙："你呢？你的住处如何？"青蛙说："我的住处绿藓似毡，娇草如茵，清泉汩汩，白石映天。"说完，青蛙又向龙王提出了一个问题："大王，你高兴时如何？发怒时又怎样？"龙王说："我若高兴，就普降甘露，让大地滋润，使五谷丰登；若发怒，则先吹风暴，继而打闪放电，让千里以内寸草不留。那么，你呢？"青蛙说："我高兴时，就面对清风朗月，呱呱叫上一通；发怒时，先瞪眼睛，再鼓肚皮，最后气消肚瘪，万事了结。"

青蛙在龙王面前，充分表现了自信，龙宫固然美丽，可我青蛙的居所也别具一格，可谓不卑不亢。只有心灵健全的人，才能切实地做到这一点。

在现实生活中，有的人不惜出卖人格，不惜降低自己的尊严，去逢迎那些在某一点上比自己强的人，哪怕逢迎者对自己傲慢无礼。这种"卑己而尊人"的行为是不值得称道的。

第五章 曲径通幽，恋爱要懂转个弯

爱不能直来直去

求爱是一种特殊的爱的信息交流，必须具备起码的前提条件。如果你不讲求爱的方法和技巧，直来直去地贸然向人家求爱，结果会碰一鼻子灰。

胡朋是一个老实人，他爱上了同事莹莹，他觉得莹莹对自己也有那种意思，只是拿不准。因为这事，他神魂颠倒，茶饭不香。一天，他决心向莹莹求爱，管它成不成，至少心里踏实点，免得老是这样探不到底。刚巧，他从办公室出去办事时，在走廊里碰见了莹莹。胡朋心里一冲动，说："莹莹，你过来一下，我有话跟你说。"莹莹走过来，问："什么事？""我爱你！你愿意跟我交朋友吗？"莹莹毫无思想准备，大惊失色，啐道："神经病！"说完，匆匆而去。胡朋受此打击，不要说求爱，连莹莹的面都不敢见了。

求爱是一种特殊的爱的信息交流，必须具备起码的前提条件。老实人不会讲求爱的方法和技巧，直来直去地贸然向人家求爱，结果碰了一鼻子灰。

思路突破：表达爱情含而不露

马克思说过："在我看来，真正的爱情是表现在恋人对他的偶像采取含蓄、谦恭甚至羞涩的态度。"含而不露的表白方式，是指用不包含"爱"的语言，表达"爱"的情感。这种方式适合于双方早已认识，并且有了较多的了解，而对方又是有一定文化教养且性格内向的人。由于这种方式发出的信息比较模糊，即使对方拒绝，也不至于难堪。

含蓄地表达爱情，可以使话语具有弹性，不至于遭到拒绝就没法挽回。再者，这也符合恋爱时的羞怯心理。

含蓄表达爱情的方式可有以下几种：

暗示法

请看下面一则书信：

晓晓：

你好！

我想向你奉献出我的一颗心。

一颗包含全部思想、感情和灵魂的心，以换取你的一颗对等的心。

你愿意交换吗？

请你做出如下回答：A.愿意交换；B.不愿意交换。

说明：

1.请你在我们的固定教室(309教室)后墙的黑板左下角写上A或B。

2.如果你猜不出我是谁,说明你心中根本没有我,因而也无须做任何答复。

"现代人"于××月××日

这样巧妙的表白,则会赢得恋人的芳心。

以物传情法

以物传情法,就是在运用语言表达爱情的同时,借用物品传情意,以起到含蓄地表达爱情的目的。有的人就是借用一首诗、一张照片、一本书或一张卡片来传递爱的信息。

表示关心法

鲁迅先生的《两地书》中,收进了他写给夫人许广平的许多信件,记载了这位文学巨匠表达爱情的特殊方式,给人们留下了非常有益的启示。

比如信中常有这样的句子:"应该善自保养,使我放心。"这些关怀备至的话语,比起那些空洞无物的抒情、赞美的话,要有感情得多。

表达感受法

若你对他(她)直说"我喜欢和你在一起",就不如说"我和你在一起的时候,总觉得时间过得那么快,真是光阴似箭;和你分别后,又觉得时间过得那么慢,真像是度日如年"。

你对他(她)说:"我非常想念你。"就不如说:"真不知怎么搞的,每当我做完工作,一静下来,你就在我的脑海中浮现,我就会想起我们在一起的日子。"

含蓄表达爱情的方法多种多样,要根据具体人、具体情况来灵活运用。假如你的恋人是一位文化水平不高的人,你就不能采用写深奥难懂的诗赠给对方的方式。如果这样,非但不能达到表示爱情的目的,还有可能会引起不必要的误会。

不懂幽默,芳心难获

正如劳伦斯所说,世俗生活中最有价值的就是幽默感。作为世俗生活的一部分,爱情生活也需要幽默感,如果不知幽默为何物,可能会在情场上连连失意,难获美人芳心。

在社会生活中,幽默是无处不在的。幽默是语言的润滑剂,如果你善于灵活运用,必将为你的生活带来无穷的乐趣。

谈情说爱亦是如此。

柳青姑娘交了一位胆怯、寡言的男朋友,他的名字叫夏雨。他常去找她,很想接近她,但又没有勇气向她求爱。柳青喜欢他的诚实,但又清楚地知道他的弱点。

一个月牙儿当空的夜晚,万籁俱寂,他和她在小河边的柳树下坐着。为了打破僵局,柳青想法子要给他一个亲近的机会。

柳青说:"有人说,男子的手臂的长等于女子的腰围。你相信不?"

夏雨说:"你要不要找根绳子来比比看?"

"谁要你找绳子!"柳青生气地责怪。

"你不是要量腰围吗?"夏雨不解地问。

这个夏雨,也确实太老实巴交了,连姑娘示爱的话都完全听不出来。

爱情不是一颗心对另一颗心的敲打,而是两颗心的相撞。

但是,若要撞击出火花,必须借助于语言。

谈情说爱,重在一个"谈"字。"谈"得好才能达到喜结良缘的目的;"谈"得不好,就只能桥归桥、路归路了。

可见，说话技巧在恋爱交往中有举足轻重的作用。而语言的幽默能增添你的魅力，促使你恋爱成功。

无数的事实证明，男女之间互相怀有好感，长出了感情的幼芽，但如何使它健康地生长，直至开出花朵，结出果实，很多人却不得其门。浇灌爱情之树，语言之水是其中一个重要的因素。

如果你有良好的口才素养，你就能更好地掌握爱情几个阶段的"火候"。如果你能发挥幽默的力量，就更能使你的爱情语言妙趣横生。进展顺利时需要甜言蜜语，磕磕碰碰时开个玩笑，化干戈为玉帛，和好后感情会胜过当初。假如口才素养低下，有"情"不能谈，有"爱"不能表，久而久之，已萌发幼芽的爱情便会枯萎。

思路突破：幽默为爱添亮色

对于一对恋人来说，双方间的默契和幽默具有一种特殊的作用：它使双方在片刻之间发现许多共同的美好的事物——从前的、现在的、将来的，从而使时间和空间暂时消失，只留下美好、欢乐的感觉。

可以这么说，如果爱没有幽默和笑，那么爱有什么意义呢？

甚至有人说，爱就是从幽默开始的。

幽默的求爱、求婚方式，似乎更有魅力，更富于使人心动的浪漫情趣。

富兰克林1774年丧偶，1780年在巴黎居住时，向他的邻居——一位迷人而有教养的富孀艾尔维斯太太求婚。富兰克林在情书中说，他见到了自己的太太和艾尔维斯太太的亡夫在阴间结了婚。接下来，他继续写道："我们来替自己报仇雪恨吧。"

这封情书被誉为文学的杰作、幽默的精品。

有一位男青年在给女友的信中说："昨夜，我梦见自己向你求婚了，你怎么看呢？"

他的女友巧妙地回答："这只能表明你睡眠时比醒着时更有感情。"

写情书，特别是第一封情书，不论你的感情沸腾到什么程度，都不要直来直去地说"我爱你"。这是拙劣的表示，即使不会引起对方的厌恶，至少也会被人认为缺乏修养。

一位姑娘说，她的男朋友给她的一封信中，只写了短短几句话："我中箭了，是丘比特的金箭；祈求你同样中箭，不是铜箭，而是金箭。"

传说被爱神丘比特金箭同时射中的一对男女便能缔结良缘。如果一方中了金箭，另一方中了铜箭，那中金箭的一方便只能"单相思"。这小伙子正是巧妙地运用了神话，给姑娘以良好的"第一印象"。

在某航空俱乐部的一次聚会上，一位漂亮的空中小姐身着晚会装，胸部半裸，颈上系着一个闪闪发光的金色小飞机坠饰。

一位腼腆的青年空军军官，看到女孩子白皙、丰满的胸部，便难为情地低下了头。

这时，这位魅力四射的女孩子温柔沉静地问他说："你喜欢这个金色小飞机吗？"

空军军官只说了一句话，话声虽低但很清楚："小飞机非常漂亮，可更漂亮的是……"漂亮的女孩子看了看坠饰，这时，空军军官鼓起勇气说："更漂亮的是机场……"

顿时，女孩子开心地笑了。

这句话使她感到意外，因为他并没有说："漂亮的是你的胸部。"这样表述就俗不可耐了，而是暗示她说："更漂亮的是机场……"幽默终于使他们相互深深地吸引。

爱情的表达本无定式，直率与含蓄各有利弊。但是大家都认为以含蓄为宜，一是可以使话语具有弹性，不至于由于对方拒绝就不能挽回局面；二是符合恋爱时的羞怯心理。

正是由于这样，幽默作为一种含蓄的语言形式，人们乐于用它在恋爱生活中表达爱的情感，使人在欢笑中体会到彼此的爱。

爱在细小处失去

女孩大多喜欢男性从细微之处给予关照，聪明的男子善于把握异性的这一心理趋向，容易击中女孩心中柔软的触角，赢得美人欢心。

如果缺乏细腻，在家庭生活中常会忽视一些细小方面的体贴，爱就会在这些小小的地方失去。

自古以来，花是爱情的象征，向自己的爱人送上一束鲜花，会讨得爱人的喜爱。不必花费多少钱，在花季的时候尤其便宜，而且常常就有人在街角贩卖。但是从丈夫买一束水仙花回家的情形之少来看，你或许会认为它们像兰花那样贵，或像长在耸入云霄的阿尔卑斯山峭壁上的薄云草那样难以买到。

芝加哥的约瑟夫·沙巴斯法官曾处理过4万件婚姻冲突的案子，并使2000对夫妇和好。他说："大部分的夫妇不和，并不是很重要的事引起的，大都是一些细微的事情没有处理好。因此，当丈夫离家上班的时候，太太向他挥手道别，可能就会使许多夫妇免于离婚。"

劳勃·布朗宁和伊丽莎白·巴瑞特·布朗宁的婚姻，可能是有史以来最美妙的了。劳勃·布朗宁永远不会忙得忘记在一些小地方赞美和照顾太太，以此来增加爱情的深度。他如此体贴地照顾他残疾的太太，以至于有一次她在给姐妹们的信中这样写着："现在我自然地开始觉得我或许真的是一位天使。"

太多的男人低估了在这些平常而细微的事情上表示体贴的重要性。正如盖诺·麦道斯在《评论画报》中的一篇文章所说的:"美国家庭真需要弄一些新噱头。例如,在床上吃早饭,其实是大多数女人喜欢放纵一下的事情。在床上吃早饭,对于女人,就像私人俱乐部对于男人一样,会收到奇特的效果。"

人们一生的婚姻史就像串在一起的念珠。忽视婚姻中所发生的小事,夫妇之间就会不和。艾德娜·圣·文生·米蕾在她一首小小的押韵诗中说得好:并不是失去的爱破坏我美好的时光,但爱的失去,都是在小小的地方。

在雷诺有好几个法院,一个星期有6天为人们办理结婚和离婚,而每有10对来结婚,就有一对来离婚。这些婚姻的破灭,你想究竟有多少是由于真正的悲剧引起的呢?其实,真是少之又少的。假如你能够从早到晚坐在那里,听听那些不快乐的丈夫和妻子所说的话,你就会知道"在一个家庭中,爱的失去,全都是一些细节问题所造成的"。

凡是有益于任何人,而我又可以做的事情,或是我可以向任何人表示亲切的事情,我现在就去做。不可因循,不可疏忽,因为凡事一逝不可追。"这一句话,每一个人都应记住,并时刻用它提醒自己。

如果你想维护幸福快乐的家庭生活,就要注意一些细节问题,而且要花点心思来对待自己的家庭生活。

思路突破:细节决定爱情成败

对于一个女人来说,如果有人发现她身上的微小变化,她就会有一种被认同的满足感。

几乎所有的姑娘,多多少少对男友表示过不满。其中最常见的是,当她从美发厅出来,梳着一个新发型,或新买了一件漂亮的衣服,兴致勃勃地等待男友赞美的时候,她的男友却好像视而不见。

"喂，你到底发现没有，我是不是哪里跟以前不大一样了？"即使她这样问，他也还像是没有察觉到的样子："哦，是吗？"再不然就是："你的意思是说，你的发式变了，是吗？"或者："哦，好像你的衣服有点变化，对不对？"

像这样的回答，往往使她大为扫兴，甚至使双方都不愉快。如果女友今天的发型或服饰突然有了变化，作为她的男友，起码也应该主动问一句："今天你去过美发厅了？"或是："你穿的这件衣服是今天刚买的吗？"

只要你有意无意地问一声，她就会感到满意，不会因为你无动于衷而独自生闷气了。

因此发型也好，身上的服饰也好，只要有一点点改变，经你一说，她就会自我满足了。

一般女性不喜欢做太大的改变，所以，即使想改变一下自己一贯的形象，也不会大换装。她们往往只在那些细节上反复琢磨，这也仅仅是想引起别人的注意或得到几句赞美。

如果你是细心的男人，能够做出这些看似琐碎的事情，也许会给自己带来有益于恋情的好运。

自作聪明，反为所累

很多人之所以在爱情中受挫，一个很大的原因是他们总是自作聪明，爱挑对方的毛病，这是非常不好的做法。一般而言，女性的心理承受能力较弱，喜欢挑别人的毛病，却不允许别人这样对她。

有一位男性初恋时，在对方写给他的情书上胡乱批改，以至于挑出了十来个错别字。非但如此,他还将被自己批改过的情书和回信一同寄给对方。谁知这信寄了以后,就好像石沉大海,再也没有姑娘的消息了。

原因是什么呢?姑娘早就讨厌了:"好像就你是一个大学问家,就你的知识渊博,写个错别字还需要你正儿八经地写信来指教。"姑娘的自尊心受到伤害,你为什么不知道她的内心世界呢?对姑娘的脸面你怎么也毫不顾及呢?一般来说,女性对于自己未去过的地方,总是有一种想去探求的好奇,并希望有个"知情人"当向导。否则,她们会感到茫然无措。

因此,当你和你的女友同行时,切不要自作聪明地瞎冲乱撞,而应该选择自己熟悉的地方,避免出现迷路而又不知所措的场面。

思路突破:牢骚没有好处

现在的年轻人当中,有很多人遇到自己不满的事总是很明确地表现出来。而在社会中,经常心怀不满而怨天尤人的人是很受排斥的。因为人们把这种人看成"一天到晚只会发牢骚的讨厌鬼",甚至将其看成心愿和思想不正常的人。

但是对女性来说,她并不认为自己是有怨气而不受欢迎的人。然而"有诸内必形诸外",无论她怎样掩饰,终要表现出她的不满和抱怨。这时,你责备她只会任性、抱怨,必然会引起她的反感。

因此,即使你要反驳她,也应该采取"先顺后逆"的说话方式,即首先赞同她的观点,仿佛与她站立在同一立场上,然后再用"但是""不过"等词来一个转变,向她陈述你不同的意见。

要博得女性芳心,首先必须力求避免她以任何方式拒绝你的追求。因此,在谈话之间必须十分小心,要研究谈话方式,什么事尽量先顺从她,与她保持一致。实在不行时,也应在"但是"

上多动脑筋,狠下功夫,如此,才会使她很快地接受你的意见。

爱在心头口难开

> 要想在情场上指点江山,找到如意的另一半,享受甜美的爱情,就要大胆地去表达。只有表达,才会让别人知晓你心中所想。如果心中有爱却"金口难开",终归会让爱神与你擦肩而过。

李刚是个帅气的小伙子,暗恋着公司里一位漂亮的女孩,却苦于不知如何表达。女孩的一颦一笑令他动心,而女孩的变化无常又让他觉得捉摸不定。一天见不到女孩他便坐立不安,魂不守舍。他很想向女孩倾吐自己的感情,但话到嘴边,又突然泄了气。为此他深感苦恼,不知如何是好。

弗洛姆在《爱的艺术》一书中指出:"爱,不是一种本能,而是一种能力,可经有效的学习而获得。"这真是一句鼓舞人心的话,让渴望爱情的人充满了憧憬。那么,我们要如何寻求到自己心中的爱人呢?

思路突破:爱她在心就开口

吴迪是一位长得美丽且通情达理的姑娘,公司上上下下的人都喜欢她,特别是那几个还未找到女朋友的小伙子,更是有事无事地围着她转。不过,精明强干、风流倜傥的王鹏却总是一副不屑一顾的神情。

过了一段日子,传出消息说吴迪"名花有主"了,男朋友竟是公司里最不起眼的张驰。看着他俩进一双出一对的甜蜜样子,有人不禁叹息道:"唉,一朵鲜花插在牛粪上。"帅哥王鹏最为沮丧。

原来，吴迪一到公司上班时王鹏就喜欢上了她，他也看出，当自己的眼睛与吴迪相视时，她的目光亦是亮亮的、柔柔的，闪动着一种妙不可言的东西。然而，当那几个长相一般的小伙子围着吴迪转的时候，王鹏的自尊心却在作怪。因为自己长得帅，身边有不少女孩子"陪"着，就不愿屈尊去"陪"吴迪，但在心里却巴不得吴迪来"陪"自己，他一直固执地认为，这么漂亮的女孩只有我王鹏配得上。

直到发现张驰锁定了吴迪的爱情后，才知道自己输得很惨。

确实，在现实生活里，不少人看见漂亮女孩找了个相貌平平的男朋友就会感到惋惜，认为不般配。然而，为什么这个平常的男士能赢得如此美丽的女孩的芳心呢？

你别看女孩子含羞带笑，温柔文静，其实在她的心里，早就将身边的男孩一个个地排起了队。一般来说，仪表当然是首选的，但女孩子在青春期架子大，爱摆谱，当然，这也是男孩的恭维给宠坏的。如此一来，那些肯低头，愿捧女孩的小伙子在她心目中的印象分自然就提高了。特别是漂亮的女孩，假如男孩能够以发自内心的关爱对其侍奉，即使男孩子相貌差些，说不定也能锁住她的芳心。但是在通常情况下，仪表堂堂的小伙子就做不到这一点。由于自己长得帅，身边不缺女孩，自视身价不低，怎么可以屈尊"哄你"？因此，即使漂亮的女孩起初也曾被其外表打动，但从长远考虑，假如以后一辈子受这样的"美男人"的牵制，倒不如找一个能够呵护自己的男士过日子。只要自己感觉幸福，别人爱怎么说就怎么说好啦。

因此，所有想找漂亮女孩做朋友的小伙子，当你爱上她时，千万别学这位帅哥王鹏，一定要"爱她在心就开口"，不然的话，吃亏的可就是你自己了。

不会来点"甜言蜜语"

大家所熟悉的大文豪马克·吐温常常把写有"我爱你""我非常喜欢你"的小纸条压在花瓶下,给妻子一份意外的惊喜。这种习惯伴随他的一生。可见,甜言蜜语绝非多此一举,而是恋人们增进感情的一个良好途径。

笨嘴拙舌的人与甜言蜜语无缘,他永远也尝不到甜言蜜语带来的甜头。

不论是一见钟情的少男少女,还是同舟共济几十年的老夫老妻,绵绵情话总是说了又说,讲了又讲。每每听到爱人说"我爱你",总是能激起万般柔情,千种蜜意。恋爱总离不开交谈,这似乎是经验之谈,对初次相见的男女来说尤其如此。

已婚夫妇也需要交谈,虽然说情感的交流是多渠道的,但语言交流是到什么时候也淘汰不了的。

艾莉结婚刚进入第3个年头,就和丈夫分居了。她对律师说:"他一定是有问题。每天回家很少和我说话,吃完饭就躺到沙发上看电视,再也不想起来,一直到深夜。看完最后一个电视节目,就爬上床,也不问我是否劳累,是否有兴趣,就要求做爱,一句多情的话也没有,仿佛情话都在结婚以前说完了,实在让人难以忍受。"

艾莉需要的并非什么奢侈品,只是丈夫那柔情蜜意的私语。

美国加州医学院精神与心理临床研究专家巴巴克说:"对许多妇女来说,恋爱与感受到爱远比做爱重要。尤其对那些忙于家务、整天带孩子的妇女来说,更是如此。那种巧妙的、带刺激性的私语往往使她们获得真正的快慰。"

42岁的卡克与达娜已结婚8年,他记得曾一度羞怯于向妻子倾吐自己满腔的爱。"有一天晚上,我深吸了一口气后,滔滔不绝地向她倾诉了对她的柔情,对她的爱恋。我告诉她:对我而言,你是世界上最不平常的女子。我这番热情洋溢的话使她万分激动，连我自己也感动不已。现在，我一有机会便向她诉衷肠，而我每次都觉得感情比以前更为炽烈。"

可是，应该说什么呢？怎样说才能使说的人不至于做作，听的人不觉得肉麻呢？卡耐基建议说："当你感到一股穿堂风吹过或觉得闷热时，你说些什么呢？你会脱口而出：'真凉快！'或是：'真热！'无须多想，也用不着长篇大论，爱的语言就是这样。如果你正和爱人待在一间屋里，你觉得能和她在一起真高兴，那你就对她说：'和你在一起我真高兴。'"

思路突破：甜言蜜语妙处多

恋爱中的男女相处的时候，有时甜言蜜语非常受用，尤其是爱情已到了接近谈婚论嫁的阶段，你不妨大胆些，在言语间多放点"蜜"。

一般来说，女人有爱听温柔、甜蜜语言的天性，沐浴在爱河中的人的字典里，是没有老套的字眼的。

任何海誓山盟，"爱你爱到骨头里"的话也可说，不必怕肉麻，除非你并不爱她。

与她久别重逢时你可以讲："好像在做梦，多么希望永远不要清醒。"

你以充满爱意的眼神望着你的心上人："总是惦念着你！我的感觉，好像一直跟你在一起。"

这是"无法忘怀、时时忆起"的心境，只要谈过恋爱的男女，一定有此经验。上面那句话可以反复使用。相爱之初，热烈的甜言蜜语绝对不会使人感到厌烦，也许还认为不够呢！

"你喜欢我吗？"你不妨大胆地问。

"说说看，喜欢到什么程度？"或用这样的语气追问。

"请你发誓，永远爱我！"甚至你会单刀直入地这样对他撒娇地说。

"世界是为我们而存在，对不对？"

"你爱我，我可以抛弃一切！你也是这样？爱就是一切。"

有很多女性使用如此甜蜜的词句来表达爱意。像这样的言语接二连三地向男性表示"永远不变的纯真爱情"，女性便会沉浸在自我陶醉之中。而男性的反应也会是积极的。

"我可以发誓，永远爱你一人。纵使海枯石烂，爱情也永不变！"男性若能够将其流利地说出来，一定表示他并不重视你，因为他对任何女性都这么说。普通男性会说："又来了！"感到畏缩与失望，口中哼哼叽叽地无法给予明确的回答，心中还想着其他的事，譬如房子需要分期付款。

"对永恒不变的爱无法负责。"事实上，这才是某些男士的真心话。

当然，在爱情上"我爱你"的言辞用得过多，未免有庸俗之感，倘若换用"我需要你"，就显得有实际的感觉。"需要"与"爱"所表现的感受，对男性而言，似乎前者胜于后者。

男性在社会活动中，喜欢被人发现自己的存在价值。

恰当地运用甜言蜜语，可以使两人之间的爱情温度逐渐升高。然而这样的话只能用两人听得到的声音互相呼应，如果在许多朋友面前得意地大声说出来，周围的人会感觉很扫兴，还会很恶心。

"怎么了？愁眉苦脸的熊猫，明天工作一定会顺利进行，提起精神，振作吧！"你选用很开朗的呼唤与安慰，这时他会回答："我是愁眉苦脸的熊猫，那么你是花蝴蝶？"

甜蜜的称呼也会使两人心心相印。他的心情会逐渐变好，感觉到你赐予的爱情的温暖。

第六章 人脉是你最大的存折

不敢和陌生人说话

很多人遇上陌生人时,心里会七上八下,一时找不到表达的"招儿"。这个人际障碍让你的人际圈子很难得到拓展。那么,如何和陌生人一见如故,建立良好的交往开端,是每个人面临的又一现实问题。

有些人往往害怕见陌生人,例如在聚会上,他们想不到有什么风趣或是言之有物的话可说;在求职面试中他们拼命想给人好印象……事实上,无论何时何地,我们遇上陌生的人,心里都会七上八下,不知该怎样打开话匣子。

然而,你应该知道,懂得怎样毫无拘束地与人结识,能使我们扩大朋友的圈子,使生活丰富起来。

多年来,美国著名记者阿迪斯以记者身份往返世界各地,他和陌生人的谈话有许多令他毕生难忘。他说:"这就好像你不停地打开一些礼物盒,事前却完全不知道里面有什么。老实说,陌生人的引人入胜之处,就在于我们对他们一无所知。"

阿迪斯举例说,新奥尔良有一个修女,看起来温文尔雅,不问世事。但是阿迪斯不久便发现她的工作原来是帮助粗野的年轻释囚重新做人。他还在加拿大一列火车上遇到了一位一本正经的老妇,她说她要前往北极圈内的一个村庄,因为她听人说在那里会见到北极熊在街上走!

阿迪斯说:"跟我谈过话的陌生人,几乎每一个都使我受益匪浅。"在公园里遇到的一个园丁告诉阿迪斯关于植物生长的知识比他从任何地方学到的都多。埃及帝王谷一个计程车司机请阿迪斯到他没铺地板的家里吃茶,让他认识到一种与自己迥然不同的生活方式。在挪威奥斯陆,一个参加过大战的战士带阿迪斯到海边的一个荒凉高原,他告诉阿迪斯战争是让人痛心的,这片高原就是曾经的战场。

我们从来没有见过的人,能帮助我们认识自己。因为我们可能对一个陌生人说出我们时常想说但不敢向亲友说的心里话,他们因此便成了我们认识自己的一面新镜子。

如果运气好,和陌生人的偶遇还会发展成为终生不渝的友谊。阿迪斯说:"世界上没有陌生人,只有还未认识的朋友。"

那么,你下次遇到陌生人时,该怎样与之交往呢?这无疑已成了一个要面对的问题。

思路突破:和陌生人一见如故的技巧

在与陌生人接触的过程中,人们常常希望达到一定的目的,这就迫切需要尽可能地拉近彼此情感的距离。这个时候,如果能给对方造成"一见如故"的感觉,很多问题就会迎刃而解。要想做到这一点,我们应该注意以下几点技巧:

了解对方，投其所好

人们常说："不打无准备之仗。"当一个人特意要去结识一个从未打过交道的陌生人时，也应该把这一过程当成一次不可忽视的挑战，事先做充分的准备。一方面，可以通过多种渠道了解对方的背景、经历、性格、喜恶；另一方面，在对对方基本情况了如指掌的前提下，设想有可能出现的问题，做好以不变应万变的心理准备。然后，在交往之中针对对方的特点有的放矢，投其所好，令其大有"相见恨晚"之感，从而成功赢得对方信任。

寻求共同点

所谓"酒逢知己千杯少"，两个意气相投的人在一起总觉得有说不完的话。因此，我们在和陌生人交往时，不妨多多寻求彼此在兴趣、性格、阅历等方面的共同之处，使双方在越谈越投机的过程中，获得更多关于对方的信息，迅速拉近距离，增进彼此感情。

叶华是一位铁杆球迷，常常既为了推销又为了看球赛而四处奔走。有一次在去深圳的火车上，她的同座是位山东口音很重的小伙子，闲来无事，叶华就和他侃起来。她一开始先故作惊讶地得知他是位山东人，然后顺口赞美山东人的豪爽，够朋友，她说她有好几位山东籍的朋友，人很豪爽。小伙子自然高兴，自报家门，他叫罗杰，是泰安人，他说山东人是很讲朋友义气的，山东人大多粗犷、豪放。而叶华话锋一转，说山东人也很团结，特别是山东足球队，虽然每位队员都不是非常出色，但是他们团结一致，奋力拼搏，经常取得好的成绩。恰巧罗杰也是位球迷，两人直侃得天昏地暗，下车后互留了通信地址。在罗杰的介绍下，叶华认识了很多球迷，其中有一位就是她这次南下准备争取的客户吉。吉和罗杰关系很不错，于是叶华轻松地完成了这次推销任务，也为公司赢得了一家大客户，更值得高兴的是，她也结交了许多朋友。

谈谈周围的环境

如果你十分好奇，你自然会找到谈话题目。有一次一个陌生人审视周围，然后打破沉默，开口说："在鸡尾酒会上可以看到人生百态！"这就是一句很有趣的开场白。

阿迪斯有一次坐火车，身边坐了一位沉默寡言的女士，一连几个小时他千方百计引她说话都未成功。等到还有半个小时就要分手时，他们经过一个小海湾，大家都看到远处岬角上一座独立无依的房屋。她凝视着房子，一直到看不到它为止。然后她突然说道："我小时候就生活在这种杳无人迹的地方，住在一座灯塔里。"接着她讲述了那种生活的荒凉与美丽。

以对方为话题

有一次，阿迪斯听见一位太太对一个陌生的女士说："你长得真好看。"也许，我们大多数人没有说这种话的勇气，不过我们可以说："我远远就看见你进来，我想……"或是："你正在看的那本书正是我最喜欢的。"

提出问题

许多难忘的谈话都是从一个问题开始的。阿迪斯常常问别人："你每天的工作情况怎样？"通常人们都会热心回答。

一定要避免令人扫兴的话题。可能没有人愿意听你高谈阔论诸如狗、孩子、食物、菜谱、自己的健康、高尔夫球，以及家庭纠纷之类的事。所以，在谈话中最好不要谈及这些问题。

丘吉尔就认为有关孩子的话题是不宜老挂在嘴边的。有一次，一位大使对他说："温斯顿·丘吉尔爵士，你知道吗？我还一次都没跟您说起我的孙子呢。"丘吉尔拍了拍他的肩膀说："我知道，亲爱的伙伴，为此我实在是非常感谢！"

表示信任

两个陌生人之间总会因为素昧平生、互不了解而产生一层隔膜，并且时常由于两人的矜持和互不信任而造成交流失败。所以，我们不妨主动一点，率先冲开这一层障碍，把对方当成熟悉的朋友，采取恰当的方式向其坦率地吐露心声，用真诚和信任叩响对方的心扉。

闻一多是一个平易近人、深受人们爱戴的学者，他朴实无华的言谈往往会深深地打动听众的心，请看下面这段演讲："今天承蒙诸位光临，得到同诸位见面的机会，感激之余，就让我们趁此正式地、公开地向诸位伸出我们这只手吧！请诸位认清，这是'无缚鸡之力'的书生的手，不可能也不愿意威逼人，因此也不受威逼。这只'空空如也'的穷措大的手，不可能也不愿意去利诱人，因此也不受人利诱，你尽可瞧不起它，但是不要怕它，其实有什么可怕呢？不信，你闻闻，这上面可有血腥味儿？这只拿了一辈子粉笔的手，是随时可以张开给你们看的。你瞧，这雪白的一把粉笔灰，正是它的象征色。我再说一句，不要怕，这是一只洁白的手啊！然而也不可以太小看它。更有许许多多这样的手和无数的拿锄头的手、开机器的手、打算盘的手、拉洋车的手，乃至缝衣、煮饭、扫地、擦桌子的手——团结捏在一起，到那时你自然会惊讶这些手的神通，因为它们终于扭转了历史，创造了奇迹。我们现在是用最诚恳的心，向大家伸出这双洁白干净的手。希望大家同我们合作，并且给我们指教！"

以谦虚赢得好感

谦虚是一种美德，谦虚者常常给人留下有礼貌、有素养、有深度的印象。面对陌生人时，飞扬跋扈只会让人退避三舍，而谦逊得体、不卑不亢的言谈举止能够充分体现自己的涵养和平易近人的性格，为对方带来亲切随和的感受，消除其胆怯、羞涩的心理。此外，还能给其以较大的自由度和自信心，鼓励其积极大胆地将交谈展开。

　　解放战争时期，有一次刘少奇为华北记者团的同志做了一次工作报告，报告的开始是这么说的："很久以前，就想和你们做新闻工作的同志谈一次话，我只和新华社的同志谈过，和多数同志没谈过。谈到办报，我是外行，没办过报，没写过通讯，只是看过报。因此，你们工作的甘苦我了解得不真切。但是，作为一个读者，我可以向你们提点要求。你们写东西是为了给人家看的，你们是为读者服务的。看报的人说好，你们的工作就是做好了。看报的人从你们那得到材料，得到经验，得到教训，得到指导，你们的工作就是做好了……"刘少奇的讲话给在场的同志留下了深刻的印象。

隐私之地是非多

在与朋友交往时，总是有意无意地入侵别人的隐私世界，是人在交际中不受欢迎的原因。打听别人的隐私是一种极不尊重他人的做法，而这种做法的另一种含义便是对自己的不尊重。

　　罗曼·罗兰说："每个人的心底，都有一座埋葬记忆的小岛，永不向人打开。"马克·吐温也说过："每个人像一轮明月，他呈现光明的一面，但另有黑暗的一面从来不给别人看到。"这座埋葬记忆的小岛就是隐私世界。有的人在交朋友时，随便侵入朋友的隐私地带。他们认为，朋友之间，应该推心置腹，坦诚相见，不存在什么隐私不隐私的。抱有这种观点并侵入朋友隐私世界的人，不但不可能交到朋友，而且会伤害到别人。

不错，朋友之间是应该坦诚相见，推心置腹，但在隐私问题上，这一道理是行不通的。如果要交朋友，就注意不要侵入朋友的隐私世界。

在隐私世界中，一般总是有些令人不快、痛苦、羞愧的事情，比如恋爱的破裂、夫妻的纠纷、事业的失败、生活的挫折、成长中的过失、感情上的纠葛……隐私不对他人造成威胁，不给社会带来危害。你的朋友，不论与你如何亲密无间，不分你我，都有权利把隐私埋葬起来，不向你透露。如果你尊重朋友，就要避免打听朋友的隐私。这不是冷漠，而是善解人意的体现。知道了朋友的隐私，对朋友、对自己只有坏处，没有好处，会给朋友增加心理负担，也给自己增加保密的义务。有的人就好打听别人的隐私，津津乐道，以此为快，这是不健康心理的反应，是趣味低级和庸俗作风的表现，这是品行端正、情操高尚的人所不齿和不为的。有的人好翻朋友的抽屉，乱拆朋友的信件，擅自翻阅朋友的日记，自诩亲切待人，不分你我。这样做不但令人生厌，而且暴露了你的不良品行，降低了你的人格。此外，朋友不成熟的构思和未完成的论文、报告等，也不要随便打听、泄露，以免破坏情绪，干扰思维，影响朋友的工作。

如果你无意中知道了朋友的隐私，最好把它从记忆中抹掉，至少也要把好嘴巴这道关口，守口如瓶，不能泄露出来，要注意避免谈论朋友的隐私。撕开朋友痊愈的伤疤，暴露朋友隐匿的秘密，只能使朋友尴尬、不快，饱尝痛苦和羞愧，而且会给搬弄是非的小人提供中伤、打击、散布流言蜚语的材料。对朋友的隐私，更不可到处宣扬，或以此要挟，否则简直是泼皮行径、小人伎俩了。倘若到这步田地，友谊的影子已荡然无存，有的只是充满敌意的较量了。

朋友心里面存有隐私是非常合理的事情，我们要给予尊重，让朋友保留一片秘密的天空。有好奇之心，希望知道朋友的隐私，也是在所难免的，但我们要懂得克制。侵入朋友隐私世界只能给自己和他人带来不利。

思路突破：尊重是维系友谊的灵魂

如果说真诚是维系友谊的基础的话，尊重便是维系友谊的灵魂。尊重是人的较高级的需求层次，在一般的人际交往中都不可忽略，更何况是朋友间呢？

卢梭说："如果说爱情使人忧心不安的话，则尊重是令人信任的；一个诚实的人是不会单单爱而不敬的，因为，我们之所以爱一个人，是因为我们认为那个人具有我们所尊重的品质。"陀思妥耶夫斯基也把尊重提到做人的品格的高度，他说："我尊重你而不嫉妒你，这就是我做人的品格。"

别林斯基说过："自尊心是一个人灵魂中的伟大杠杆。"人人都有自尊欲望，即便是奴隶——只不过他们的自尊欲被奴隶主压抑了。

自重是自尊的前提，正如巴尔扎克所说的那样："谁自重，谁也会得到尊重。"所谓自重，即心理上的自我约束和行为上的合理规范。这里包含一个"度"的概念。任何心理行为都不可超过一定的"度"，比如谦逊，过度了就是自卑，人一自卑，便不自重了。再如自信，过度了是骄傲，人一骄傲，也有失自重。同样，行为也是如此，潇洒过度显得浪荡，而检点过分便显得呆板。浪荡与呆板，都是行为上的不自重。

自重了，便达到了自尊，然而，仅仅自尊是不够的，重要的是尊重你身边的每一个人，尤其是你的朋友。

据说，美国人交朋友的第一条准则是"为对方保密"，不管这算不算第一准则，但从保持友情来说，这确实是一个重要的准则。特别是知心朋友，由于无所不谈，连自己的隐私、做过的见不得人的事都可能让你知道了,你如果张扬出去,就等于置朋友于死地。当朋友把自己的"隐私"告诉你时,即使没有叫你保密,也表明了他对你的极度信任。对此你只有为他分忧解愁的义务,而没有把这种隐私张扬出去的权利。如果张扬出去,势必会失去朋友的信任,以后人家就再也不敢把自己的"隐私"告诉你了。如果是无意间的"泄密",那还情有可原,认真向朋友做点说明,还可取得朋友的谅解。假使是故意张扬,以充当"小广播"为能事,那就连最起码的做人的道德都没有了,想换取别人的尊重就更不可能了。

因此,学会尊重人,实在是很重要的,只有尊重别人,自己才会被尊重。很难想象一个随意打听别人隐私、传播别人隐私的人会拥有知己。

指责和批评是人际关系的大敌

任何人都害怕受到别人的指责和批评。如果你希望你身边的人认识并且改正错误,你能采用的最愚蠢的方式,就是对他的过失大加指责。然而不幸的是,这种最愚蠢的方式,恰恰是人们最常用的方式。用这种方式,不但不能达到人们所期望的效果,还有可能使问题更加严重。

心理学家史基诺通过大量的动物实验,得出如下结论:因为好行为而受到奖赏的动物,学习的速度更快,学习效果更好;因为坏行为而受到处罚的动物,学习速度和学习效果都比较差。这个原则在人身上也同样适用。批评不但不会使错误改变,反而会招致怨恨。

吉姆·金是一个非常有责任心的父亲,他希望自己的儿子约翰认真读书，将来可以成为一个有用的人。因此，从约翰上小学二年级开始，吉姆就开始对约翰提出严格的要求。他私自给约翰订立了几条规则：禁止他随便与街上的孩子们一起逛大街，无所事事；不允许约翰的任何一门考试低于良；不允许约翰看电视卡通节目；不允许约翰玩电子游戏等。约翰只要偶尔违背这些规则，就会遭到严厉的斥责。虽然如此，到了三年级的时候，约翰的成绩却已经连"及格"的水平都难以维持了。他似乎故意与父亲作对，背着吉姆跑出去找孩子们玩耍。而且，他专门找那些被家长们视作无可救药的"坏"孩子，因为他感觉到自己与他们一样：在父母的眼里是那种只会犯错误的孩子。

吉姆非常困惑，在与邻居们谈话时不断诉说自己的烦恼，可是，在他生活的那个小镇上，没有一个人可以给他指出错误。吉姆依旧采用自己认为正确的方法，对约翰实施更加严格的管教。结果，约翰在一次斗殴事件后，被带进了青少年管教所。

可怜的吉姆始终也弄不明白，为什么自己花费了那么多的心血，到头来却落得如此结局。

思路突破：人际关系中的"皮格玛利翁效应"

传说古希腊有一位年轻的国王叫皮格玛利翁，擅长雕塑。有一次，他雕塑了一尊美丽少女的雕像，并把它当作有生命的人那样和它说话，爱它。结果发生了奇迹：雕像活了！它变成了一位真正的美丽少女，并与他结为伉俪。

如果说皮格玛利翁的传说只是一个美丽的神话，那么，现在说一个真实的故事。有一位男士，他的前妻总怨他不懂感情又没有本事，最终与他分手。他因不打算再"浪费"另一个女人的一生而不想再婚了。后来经不住朋友的热情撮合，他与一位在文化馆工作的女子结了婚。没想到婚后两人感情缱绻，而且他自己也事业有成。他告诉朋友："前妻老嫌我这也不是那也不行，我对自己也有点失望了。既然我无法使她幸福，就让她找自己的幸福去吧。现在的妻子却对我挺满意的，使我愿意为她的幸福而付出。其实我还是我呀！"后来听说，他与前妻偶遇，前妻幽怨地说：假如你当初就像现在这样，我也不至于……而他则幽默地说：假如你当初就这样看我，我也不至于……你们说妙不妙？

国外的心理学家做过这样的试验：将两个班级的学生进行重新组合，随意地抽取学生分为甲乙两组，当然每组中都有成绩不等的学生。然后教师暗示甲组学生，让他们认为自己是经过智商测定而被选出的优等生并被学校寄予厚望，而对乙组学生却作相反的暗示。结果令人吃惊：甲组中原先成绩平平甚至较差的学生，其努力程度均比乙组中的优等生高，而学习成绩也呈上升趋势。相反，乙组中的优等生大多数不如实验前那样刻苦，成绩徘徊不前，而中等生、差等生的成绩则较明显地呈下降趋势。心理学家把这种因高期望值带来的积极性反馈，以皮格玛利翁的名字来命名，称为"皮格玛利翁效应"。

我们可以这样通俗地诠释人际关系中的"皮格玛利翁效应"：当你努力发现某人的优点和长处并且由衷地赞美他时，你就会看到他表现得越来越符合你所赞美的那种形象；而你若将某人视为小人或恶棍的话，那么这个人的确会以你所给他"画"的嘴脸来对待你。这就是为什么同一个人会被不同的群体做出各异甚至相反的评价的道理。所以说，"皮格玛利翁效应"是有正负两个方向的。

想起一个稍稍偏离但与"皮格玛利翁效应"有异曲同工之妙的故事。传说苏东坡有一次拜访高僧佛印，谈得兴起，便披上佛印的袈裟问："我像什么？"佛印答："像佛。"然后佛印问苏东坡："你看老朽像什么？"苏东坡正得意忘形，便笑谑："我看你像大便！"佛印笑而不答。事后，苏东坡得意地将此事告诉苏小妹，而苏小妹却兜头给他泼了一瓢冷水："你输惨了！"苏东坡惊问："此话怎讲？"苏小妹答："心中有何事物便看得何事物。佛印心中有佛，他看到的也是佛；而你心中恐怕当时只有污秽之物，你看到的自然也是大便了！"

有色眼镜害人害己

生活就像一面镜子，你对它哭，它就会对你哭；你对它笑，它也会对你笑。

一些人特别容易讨厌别人，觉得别人虚伪、矫情、功利、庸俗，是道德不好的人，而且他们常常觉得自己受到了不公正的对待，别人总是有意跟他们作对。所以，这些人的情绪比较低落，态度比较悲观，好生怒气、怨气、不平之气。

难道生活就真的那么不公平吗？绝对不是，问题往往出在一个人的主观态度上。生活就像一面镜子，你对它哭，它就会对你哭；你对它笑，它也会对你笑。如果你容易讨厌别人，这跟你的思想观念和行为方式有很大关系。

道德是我们社会和人生中不可或缺的组成部分，但仅仅是其中一部分而已，而有的人的问题就在于把道德看作社会和人生的全部。他们总是戴着道德的有色眼镜去看人看事，而现实中的人又总是不免有这样那样的缺点。于是他们就觉得接受不了，觉得别人都太庸俗、太势利，心中产生排斥情绪。

事实上，在潜意识中，他们是把自己看成道德的化身了。这样一来，凡是自己看不上、合不来的人就被打上不道德的烙印，极端的道德感会使人变得褊狭和冷酷，这种心态转化为行动，就会使人开始厌恶别人，离群索居，不愿与人交往。

思路突破：拥有好人缘的奥秘

好人缘，是人际关系的润滑剂，也是为人处世的支撑点。没有好人缘寸步难行，有了好人缘走遍天下。人缘的好坏，对一个人的事业和生活有着重要的影响。那么，怎样才能有个好人缘呢？

微笑

微笑是人际交往中最简单、最积极、最易被人接受的方法。微笑代表友善、亲切和关怀，是社交中最一般的礼貌和最基本的修养。微笑不用花费什么力气，却能使他人感到舒服。在与他人的交往中，微笑是热情友好的表示，是一股温暖的春风。

在才能和智慧不相上下的人群中，谁拥有更多的微笑，成功便在更大的程度上属于谁。笑口常开是社交艺术的真谛。世界著名的希尔顿饭店的创办人康拉德·希尔顿说："如果我的旅馆只有一流的设备，而没有一流的微笑服务的话，那就像一家永不见温暖阳光的旅馆。"

从这个意义上说，微笑是一种无价之宝，没有微笑就没有财富。用微笑来服务，用微笑来处世，世界将变得更温暖，事业将变得更顺利，生活将变得更如意。

称赞

关于称赞的效应，有这样一则故事。过去有一个富翁特别喜欢吃烤鸭，就用重金聘请了一位名厨师，每天为他做烤鸭。大厨师制作的烤鸭香嫩可口，但每只都只有一条腿，时间一长，富翁就把厨师叫来问道："你烤的鸭怎么只有一条腿呢？"厨师指着缩了一只脚站着休息的活鸭子回答说："鸭子确实只有一条腿啊。"富翁气得用双掌拍了几下，掌声惊动了鸭子，伸出另一只脚匆匆走了。富翁说:"那鸭子不是两条腿吗?"厨师回答说:"是啊,如果你早鼓掌的话,那烤的鸭子也早就是两条腿了!"

这则故事告诉我们,不能像那个富翁那样吝惜自己的赞美。要为别人多鼓掌,否则,你吃到的烤鸭就可能永远只有一条腿。生活在掌声中的人是最愉快的,当人们受到他人的称赞时,就会更加卖力地工作。

对别人成绩的称赞,既是一种鼓励和肯定,又是一种信任和友好的表示。这样做也最容易赢得友谊,在某种意义上说,友谊就是一种互相交换赞誉的轻松游戏。与人交往,请不要吝惜称赞之词,这样做,不仅能给被称赞的对象以鼓舞和鞭策,还将给你带来积极的人际效应。

厚道

在处理人际关系时,不能待人刻薄,使小心眼。别人有了成绩,不能眼红,更不能嫉妒;别人出了问题,不能幸灾乐祸,落井下石,更不能给别人"穿小鞋"。

唐代《国史补》中记载了一个"呷酒节帅"的故事:一名叫任迪简的判官,一次赴宴迟到,按规矩该罚酒。倒酒的侍卫一时疏忽,错把醋壶当酒壶,给任判官斟了满满一盅醋,任判官一喝,酸不可支。他知道军吏李景治军极严,若讲出来,侍卫必有杀身之祸,于是咬紧牙关一饮而尽,结果"吐血而归"。事情传出,"军中闻者皆感泣"。这种为人厚道的品格,为人们所称道。

得理也饶人

俗话说得好,"退一步海阔天空""得饶人处且饶人"。在交际中,不必对别人的过失或缺点耿耿于怀,咬定"理儿"不放松,势必导致双方人际关系的恶化。可叹的是,很多人并不明白其中的道理。

我们在社交场合与人交往时,都希望能与人相处得和和气气,但是事情并不总如人意,有时难免会发生一些矛盾。当我们与人交往发生矛盾时,我们可能理穷或占理。理穷就不用说了,向人赔礼就是了。如果我们占理了呢?

有人会说,既然占理,我们就要讨个说法,绝不轻饶对方。其实,这种得理不饶人的做法是不利于社交成功的。因为你在占理的情况下步步紧逼,老想让对方服你,这很容易激发对方的抵触心理,对方甚至会以同样的方式对你。结果,矛盾还未解决又有新的矛盾出现了。

与人交往发生矛盾时,即使我们有理,也应让人,这样才能在更大程度上获得社交的成功。我们来看一下某地公共汽车售票员小邓的事例。

小邓工作起来利索、干脆,但在处理与乘客的关系时,从来不知忍让,常常和乘客争吵,甚至大打出手,因打伤乘客进过公安局。在职业道德教育活动中,他认识到在主客关系中,乘务人员是矛盾的主要方面,只要自己职业道德观念强,就能同乘客建立起新型的同志关系。

有一次,汽车已经起动了,一个小伙子硬是追上来扒车。小邓怕他伤着了,为了让他上车,小邓扒门时手被夹破,鲜血直流。可是那位小伙子上车后,不但不感激,反而恶语伤人,找碴儿打架。小邓有理也饶人,坚持礼貌待客,使车上的乘客都为之感动。一位带小孩的女乘客掏出自己洁净的手帕,帮他把手包上了。他一看，这位女同志还是前不久和自己吵过架的乘客，感动得不知说什么好。

在人际交往中产生矛盾时，即使是自己有理，在道义上占上风，也不能得理不让人，揪住别人的小辫子不放。

思路突破：站在对方的角度看问题

站在对方的角度看问题，就是当你不知道他人的想法和需要时，不妨设身处地地想一想。"设身处地"，就是设想你自己处于他的位置。为什么要这么设想？因为人的想法和需求，往往是由他的身份所决定的。你设想一下如果换一个位置，你变成了他，你的想法就不会还是你现在的想法，而可能是他的想法。这样，你就可以理解他的观念和爱好。相互了解，能够促进相互之间的谅解和沟通。

哈洛·霍尔姆是个成功的旅行服务公司的总经理，他的成功之处，在于他领导了一支深受顾客欢迎的一流的服务团队。他有一种本事，那就是营造一种宽松的、使员工愿意自我提高的工作环境。哈洛的前任是一位对员工要求极为严格的上司。他对员工的任何错误都要给予惩罚，绝不留情面，但是他的团队至多是一支二流的队伍。哈洛的做法恰恰相反，他对员工的错误一律宽大对待。他常常对自己说："旅游服务是一项非常艰难的工作。作为一名导游，你不但要面对那些有各自要求的游客，而且必须熟练掌握每一处景点的历史，明白它们的人文意义。在给顾客做讲解的时候出一些差错，没有什么了不起，即使是专门研究这些问题的专家也难以做到百分之百的正确。"因为他常常这样想，所以当他知道某员工犯了错误时，他会拍着他的肩头笑着对他说："嘿！不要在意。下一次再努力。"同他的前任相比，哈洛先生对员工的过失虽然批评，但是他的手下却愿意更加努力地把工作做好，而且正是因为如此，导游在工作的时候，不会因为过分在意所讲知识的准确性而束手束脚。因为没有压力，他们就能够为顾客提供更为热情周到的服务——他们把精力放在对顾客的关心上。

哈洛先生的高明之处就在于，他不但对旅游服务的工作难度有足够的理解，而且知道游客的需要——真诚的关心和热情的帮助，不会只把关注点放在所参观的景点的有关历史知识上。

能够站在对方的角度考虑问题，你就能够宽容别人，能够正确决定自己的行为方式，从而受到别人的欢迎。

第七章 办事的本事最难学

极端走不得

> 办事过分坚持原则，容易走极端，而陷入固执的境地。一些人办事太不近人情，弹性空间极小，这不利于实际的操作，反而会出现形而上学的谬误。

有的人过分坚持原则，容易走极端，把原则抬高到一个不适当的位置，结果造成许多不良的后果。其根本原因在于他们并没有真正理解这些原则的内涵。启蒙他们的重要任务之一，就是要使他们从以原则为纲转向以结果为本，在办事过程中善于利用人情的弹性空间。

那些性格比较耿介者往往给人一种不近情理的感觉。他们冷面无情又一片公心，他们顽固不化又能以身作则。从社会发展的角度来说，我们的确需要一部分这样的人坚守住某些信念的堡垒，但是同样出于这一角度，我们更希望他们能以灵活和务实的态度把这些原则变成使众人受益的现实。

显而易见，不通晓人情，片面坚持原则的做法有一定的不良后果。从社会来讲，它事实上阻碍了创新和尝试，因为任何新生事物总是以异于传统的面目出现的，不能学会宽容和权变，就很可能会成为一种妨碍进步的力量。从个人角度来讲，片面坚持原则使自己应该做成的事没有做成，自身利益受到损害，自己从事的某项事业也可能因人际关系僵化而陷入孤立无援的状态，空有大志而无从实现。

思路突破：办事务必通晓人情

通晓人情，就是要有一种设身处地、将心比心的情感体验的态度。从正面讲，就是要"己欲立而立人，己欲达而达人"。就好像肚子饿了要吃饭，应该想到别人肚子也饿了，也要吃饭；身上冷了要穿衣，应想到别人也与你一样。懂得这些，你就要"推食食人""解衣衣人"。刘邦就因为知道这种道理，所以他在韩信眼中是个通人情的人，并且使韩信欠下自己的人情债不忍背叛。

汉王四年，韩信平定了齐国，他向汉王刘邦上书说："我愿暂代理齐王。"刘邦大怒，转念一想，他现在身处困境，需要韩信，就答应了。韩信的力量更加壮大，齐国人蒯通知道天下的胜负取决于韩信，就对他说："相你的'面'，不过是个诸侯；相你的'背'，却是个大福大贵之人。当前，刘、项二王的命运都取决于你，你不如两方都不帮，与他们三分天下，以你的贤才，加上众多的兵力，还有强大的齐国，将来天下必定是你的。"

韩信说："汉王待我恩泽深厚，他的车让我坐，他的衣服让我穿，他的饭给我吃。我听说，坐人家的车要分担人家的灾难，穿人家的衣服要思虑人家的忧患，吃人家的饭要誓死为人家效力，我与汉王感情深厚，怎能为个人利益而背信弃义？"

过了几天，蒯通又去见韩信，告诉他时机失去了便不再来，韩信犹豫不决，只因汉王对他情深义重。

我们姑且不论刘邦以后如何处死了韩信，但就人情世故而言，刘邦做得很成功，他能令韩信在想到背叛时心中产生了愧疚之意，不忍去做。

通晓人情从反面讲，就是要"己所不欲，勿施于人"。你爱面子，就别伤别人面子；你希望受人尊重，就不能不尊重别人。

"只许州官放火，不许百姓点灯"的事，也不是没有人做。

项羽就是其中之一。虽然他有"霸王"的美称，却只有霸者的习气，没有王者的风范。他自己想称王，却想不到手下的弟兄也想做官。该赐爵的时候，爵印就在他手中，棱角都磨损了，他还是舍不得颁发下去。

因此，与其说项羽败给了刘邦，还不如说他输给了人情。

做事不分轻重缓急

行动没有章法，眉毛胡子一把抓，不能分清轻重，也不善于时间管理，这样不会一步一步地把事情做得有节奏，有条理，反而会导致很坏的结果。

有的人在处理日常生活的方方面面时，的确分不清哪个更重要，哪个更紧急。他们以为每个任务都是一样的，只要时间被忙忙碌碌地打发掉，他们就从心眼里高兴。

很多人是根据事情的紧迫感，而不是事情的优先程度来安排先后顺序的。

把一天的时间安排好，这对于成就大事是很关键的。

行动没有章法，眉毛胡子一把抓，不能分清轻重，这样不会一步步地把事情做得有节奏、有条理，反而会导致很坏的结果。

在紧急但不重要的事情和重要但不紧急的事情之间，你首先去办哪一个？面对这个问题你或许会很为难。

在现实生活中，有些人就是这样，正如法国哲学家布莱斯·巴斯卡所说："把什么放在第一位，是人们最难懂得的。"对他们来说，这句话不幸言中，他们完全不知道怎样把人生的责任按重要性排列。他们以为去做本身就是成绩，其实大谬不然。

思路突破：把握帕累托法则

帕累托法则又称作"80/20定律"。其内容是："一个团体中比较重要的项目，大多由团体中的少数所构成"。譬如，占全部人口20%以下的人所犯的罪，约占全部犯罪案件的80%；占全公司人数20%以下的业务员所完成的业绩，约占全公司业绩的80%；占开会人数20%以下的人员所提的建议，约占全部发言的80%。

也就是说，重要的东西大都集中在较小的部分，其比例为80比20。如果在工作的时候，能够集中精力于重要的20%，就等于完成了80%。也就是说，工作量不见得一定要做到80%，只要能掌握住重要的20%，就一切OK了。无论工作或是读书，想要把该做的全部做完，总是不太可能的，一个人做事免不了会受到时间、空间的限制。因此，如果不先把重要的部分掌握住，到最后可能就没时间，也没机会了。如果抱着凡事尽力的完美主义，到头来往往是事事落空。

如果能把握这条80/20定律，就不用担心事情太多了。事先尽量分出事情的轻重缓急，然后全力完成重要的部分就可以了。没有必要一个也不放过，即使留下一些事情没做，会有一点小麻烦，也不会是致命的问题。做事应该着眼于大处。所以，这条定律不只适用于学生、上班族，对于所有的人都是很有用的。

虽然生意兴隆是件好事，但如果电话太多，光是接电话就让人受不了了，因为接电话的时候，什么事也不能做，时间就白白浪费了。不过，幸好这种电话问题，也能用帕累托法则解决。

假设一天接到100个电话，然而，这100个电话不可能是100个人分别打的，根据帕累托法则，有20%的人打了好几次，约占全部电话的80%。

所以，只要处理这较常打来的20%的电话就可以了，而事实也的确如此。

牛角尖里没出路

其实钻"牛角尖"的原意是形容费力钻研那些不值得研究或无法解决的问题。现实生活中人们基本上把这个词引申为想问题、办事情比较死板，不知变通，不会转弯。为人处世不会来点"弯弯绕"，很容易就陷进"牛角尖"之中。

有一个人给一位心理专家写信说："我这个人是班里有名的死脑筋，想问题、做作业总是死搬教条，因此常常钻牛角尖。"因此，钻"牛角尖"就是"死脑筋"的同义词。

现在，我们就按照所延伸的这层意思来讲讲这个问题。

所谓的"死脑筋"，主要是指思维的灵活性比较差。

可是为什么有人思维不灵活呢？

其实这里有先天的生理原因，也有后天的修养原因。

从先天的原因来看，主要和人的高级神经活动的特点有关。

人的高级神经活动分为4种基本的类型。其中一种为"安静型"，属于这种类型的人，他们大脑的高级神经活动有一个较突出的特点，那就是在对外界的影响做出反应时很迟钝。

只要你稍微留心一下就可能发现，我们周围这种慢节奏的人很多，平常我们把这种人称为"慢性子"。

这种慢性子的人在看问题、办事情时，就可能表现出惰性的色彩：到了拐弯处，他难以迅速转弯，还需要走一阵子，甚至一直走下去，以至于钻进牛角尖。

从后天的修养来看，主要是因为在后天的发展中，人们不同的心理特征对思维灵活性有影响。从思维自身的特征来说，有些人的思维是发散式的，因此想问题比较开放，一些人喜欢从不同的角度来想。有的人的思维是集中式的，这种人的想象总是较倾向于整齐划一，热衷于沿一条思路找寻答案，追求稳定。相对来说，这种集中式思维特征比较突出的人，容易陷入"牛角尖"。

陷进"牛角尖"之中，办事便不会变通，思维也不会灵活发散，最终导致事情办得并不尽如人意。由此，人们应走出牛角尖，学会迂回办事的艺术。

思路突破：学点儿"弯弯绕"

拐弯抹角，藏锋不露，也是一种办事艺术。它是为了创造一种适宜的寒暄气氛，有意抓住生活中的细节，在彼此的心弦上轻拨慢捻，从而弹奏出人情味，化对立为调和，变冷漠为热情。

当你有事去求某位知名人士时，若此君以工作忙碌为由搪塞，你也不必气馁。不妨做一名热心的听众，积极寻找交谈的"由头"，看准时机，再向此君说："您刚才说的那段话，使我想起了一个问题……不知您对此有何见教？"他就会在不知不觉中顺口说出对这个问题的意见。这样，彼此之间的距离便会拉近。

办事中，当自己遇到举棋不定或束手无策的事件时，不妨让对方的话说个开头就中断，"这么说，你的意思是……"这样很容易令对方自以为是"主角"，在毫无戒心的情况下，通常会自然地将自己的心迹"投影"在接下去的话里,使你既体现了对对方的尊敬,又避免了自己因山穷水尽而出洋相。

人常说,要讨母亲的欢心,莫过于称赞她的孩子。一些聪明的人往往利用孩子在人际交往中充当媒介。本是一桩看似希望渺茫的事,通过向他们的"小皇帝""小公主"大献殷勤,便可迎刃而解。

由于人与人的认识水平、思想观点、生活方式各有不同,所以在办事时难免发生冲突或摩擦,即使有很好的人际关系,也难免心生怨气,耿耿于怀。对这种"心肌梗塞",如不及时医治,久而久之便会恶化。而有办事技巧的人,会在"战事"停息之后,不忘递上一杯"热咖啡"——不是亲自登门道歉,就是当着对方另一位朋友的面故意将过去的事大加渲染,有的放矢地讲自己是为大家好,是迫不得已而为之。以此将你的苦衷、诚心间接地传递给对方,让他觉得"你是这样大度,不计前嫌",使他更加忠于你,与你为善。

然而,拐弯抹角,也不是漫无边际,只有有的放矢,掌握办事技巧,才能如鱼得水,在人际交往中立于不败之地。

方法成就事业

做任何事情,都既要勤奋刻苦又要开动脑筋,但是人们常常因为缺乏方法而出现差错。

聪明的方法是成就事业不可或缺的条件。

在一次数学课上,老师给大家出了这样一道数学题:将1~100的所有自然数相加,和是多少?老师承诺,谁做完这道题谁就可以放学回家。

为了能尽快回家享受自由快乐的美好时光，同学们都努力地算了起来，有的人甚至额头上都渗出了汗。只有小高斯一人静静地坐在自己的座位上。他一只手撑着下巴，另一只手在无意识地摆弄着手中的铅笔，他在寻找一种可以快速解答这个问题的办法。

过了一会儿，小高斯举手交答案了。

"老师，这道题的答案是5050。"小高斯很自信地说。

"你可以给出你的方法吗？别人可连一半都没有加完啊！"老师略带吃惊地问。

"当然。你看，99+1=100，98+2=100……依此类推，到49+51=100，50+50=100时，我们恰好得到了50个100是5000，然后再加上单个的100是5100，但这里的50加了两次，所以要减去，最后结果就是5050了。"

老师对小高斯的解答十分满意，并确信他将来一定会有所作为。后来高斯真的成了世界知名的数学家。

小高斯的故事告诉我们，做任何事情，都既要勤奋刻苦又要开动脑筋，这往往会达到事半功倍的效果。然而，有些人办事时却不喜欢思考，也不讲究办事的方法。他们干什么事都是急匆匆的，于是常常因为缺乏方法而出现差错。"凡事三思而后行"，在充分思考的基础上，找到最佳方法，方能做到结果准确无误。

思路突破：进行充分的思考

世上流传着一句十分有名的谚语，叫作"Use your head"。许多有名的智者一生都在遵循这句话，为人类解决了很多原本被认为根本解决不了的问题。

在现代社会里，每个人都在想尽一切办法来解决生活中的问题，而最终的强者就是运用办法最得当的那部分人。

世界著名电脑商IBM的前任总裁华特森就是一个特别注重办事方法的人，而且十分舍得花费时间和金钱来培训员工们想办法的能力。他曾对外界信誓旦旦地说："IBM每年员工教育训练费用的增长，必须超过公司营业额的增长。"事实也确实如此。

在全世界IBM管理人员的桌上，都会摆着一块金属板，上面写着"THINK"。

这一字箴言，是IBM的创始人汤姆·华特森创造的。

1911年12月，华特森还在NCR（国际收银机公司）担任销售部门的高级主管。

有一天，寒风刺骨，淫雨霏霏，华特森从一大早就主持了一个销售会议。会议进行到下午时，气氛沉闷，无人发言，大家逐渐显得焦躁不安。

这时华特森突然在黑板上写了一个很大的"THINK"，然后对大家说："我们共同的缺点是，对每一个问题都没有充分思考，别忘了，我们都是靠动脑赚得薪水的。"

在场的NCR总裁约翰·巴达逊对"THINK"这一单词大为赞赏，当天，这个字就成为NCR的座右铭。3年后，它随着华特森的离职，变成了IBM的箴言。

方圆有法则

"外圆内方"总括修身、处世、办事之要义。"方"是原则，是目标，也是本质；"圆"是策略，是途径，也是一种手段。

处世办事只知"方"，少权变常碰壁，一事难成；只知"圆"，多机巧却是没有主见的墙头草。"方圆之理"才是智慧与通达的成功之道。

得意时早回头，失败时别灰心，这是人们根据长期生活积累而得到的经验之谈。俗话说："圆的不稳，方的不滚。"圆为灵活性，为随机应变，为具体问题具体分析；方为原则性，为坚守一定之规，为以不变应万变。刘邦便是忍一时之气而最终夺得天下的。

做人需要内方外圆。过于坚硬必被折断，过于扩张必会裂开。为人处世也是如此，不能过于倔强耿直。

既知退而知进兮，亦能刚而能柔。

安身处世要懂得进退，既有原则又要灵活。

时势变迁，事物的发展也随之变化，因而对策也要随之改变。做人须内里端方正直，对外灵活圆通。笔直的树木不能形成阴凉，过于直率的人容易得罪人，就不会有朋友。与人相处要随和之中有耿直，处理事情要精细之中有果断，认识道理要正确之中有通达灵活。

以正直克己持身，贵在处世有灵活变通不固执己见的权变。处世缺乏变通灵活的心眼，就像木头人一般，无论走到哪里都会被人认为碍手碍脚。

由于种种原因，人有时不得不违心地处世待人，在此种情势下，亦应相应采取补救之策。

思路突破：可方可圆，是为人处世的最高境界

可方可圆，是为人的因果律，又是大自然的法则。《易经》中说："天行健，君子以自强不息。"又说："地势坤，君子以厚德载物。"在这里，圆，象征着运转不息、周而复始的天体；方，象征着广大旷远、宽厚沉稳的地象。

北京有个著名的天坛公园，公园分东、西、南、北四门，四四方方。园内主体建筑是祈年殿，整个大殿呈圆形：圆基座，圆柱体，浑圆顶。可谓象征天圆地方的精心设计。

可方可圆，是经世治国的方略。圆，象征着风调雨顺、国泰民安的祥和；方，象征着天下归心、四海升平的景象。圆，又喻义五湖四海、经天纬地的博大襟怀；方，又喻义"古往今来，物是人非，天地里，唯有江山不老"的山川造化。

中国的铜钱，外面圆圆的，中间是棱角分明的方孔，它喻示着"外圆内方"的做人处世的道理。一个人如果过分方方正正，有棱有角，必将碰得头破血流；但是一个人如果八面玲珑，圆滑透顶，总是想让别人吃亏，自己占便宜，也必将众叛离亲。因此，做人做事必须方外有圆，圆中有方，外圆内方。而如何把握好何时何事可"方"，何时何事可"圆"，这就是人生成功的要诀所在。

《庄子·天下篇》中说："矩虽然可以用来画方，但是矩本身不是方的，所以说矩不可以为方；规虽然可以用来画圆，但规本身不是圆的，所以说规也不可以为圆。"《算经》中说："方中有圆者，谓之圆方；圆中有方者，谓之方圆。"古人的论述再一次说明了可方可圆的道理，值得我们去效法。

聪明和糊涂只差一步

俗话说：真正聪明的人，往往聪明得让人不以为其聪明。聪明人和傻瓜的区别是，聪明人表面笨拙、糊涂，实则内心清楚明白，这不是一种更为高明的处世、办事艺术吗？

"难得糊涂"是糊涂学集大成者郑板桥先生的至理名言，他将此体系阐述为："聪明难，糊涂亦难，由聪明转入糊涂更难。

放一着，退一步，当下心安，非图后来福报也。"做人过于聪明，无非想占点小便宜；遇事装糊涂，只不过吃点小亏。但"吃亏是福不是祸"，往往有意想不到的收获。"饶人不是痴，过后得便宜"，歪打正着，"吃小亏占大便宜"。有些人只想处处占便宜，不肯吃一点亏，总是"斤斤计较"，到最后"机关算尽太聪明，反误了卿卿性命"。郑板桥说过："试看世间会打算的，何曾打算得别人一点，真是算尽自家耳！"世上最可悲悯的人，他们往往自我感觉不错，正是古人所谓"贼是小人，智是君子"之人，是那些具有君子的智力却怀有小人之贼心的人，他们最大的敌人是他们自身。为人处世与其聪明狡诈，倒不如糊里糊涂却敦厚。

郑板桥以个性"落拓不羁"闻于史，心地却十分善良。他给其堂弟写过一封信，信中说："愚兄平生谩骂无礼，然人有一才一技之长，一行一言为美，未尝不啧啧称道。囊中数千金，随手散尽，爱人故也。"以仁者爱人之心处世，必不肯事事与人过于认真，因而"难得糊涂"确实是郑板桥襟怀坦荡的真实写照，他并非一般人所理解的那种毫无原则、稀里糊涂之人。糊涂难，难在人私心太重，眼前只有名利，不免去斤斤计较。《列子》中有齐人攫金的故事，齐人被抓住时官吏问他："市场上这么多人，你怎敢抢金子？"齐人坦言道："拿金子时，看不见人，只看见金子。"可见，人性确有这种弱点，一旦迷恋私利，心中便别无他物，用现代人的话说：掉进钱眼里去了！

思路突破：难得糊涂是大聪明

聪明有大聪明与小聪明之分，糊涂亦有真糊涂与假糊涂之别。北宋人吕端，官至宰相，是三朝元老，他平时不拘小节，不计小过，仿佛很糊涂，但处理起朝政来机敏过人，毫不含糊。宋太宗称他是"小事糊涂，大事不糊涂"。有一种人恰恰相反，只要是便宜就想占，只要是好处就想贪，为了一点小利，不顾前程；为了一点小过，争个你死我活。这种人看似聪明，其实再糊涂不过。

人毕竟没有三头六臂，当你事事比别人聪明时总会引起别人的反感和嫉妒，终究"明枪易躲，暗箭难防"，导致自己受到无谓的伤害，甚至牺牲。真正聪明、正直的人大可不必在一些小事上锱铢必较，此时"糊涂"一下又何妨？所以，在办事时，千万不要在小事上纠缠不休，搞得自己精疲力竭，心绪不宁，而到了大事面前，却又真的糊涂了。

在瞬息万变的现代社会中，与人打交道时，倒不如多一点"糊涂"，少一点执拗，这何尝不是另一番开朗、超脱的境界？

第八章 懂得选择，学会放弃

患得患失的悲哀

其实，得失都是一样，有得就有失，得就是失，失就是得，所以一个人到了最高境界，应该是无得无失。

《老子》中说："名与身孰亲？身与货孰多？得与失孰病？是故甚爱必大费，多藏必厚亡。故知足不辱，知止不殆，可以长久。"这句话的意思是，人的一生之中，名声和生命到底哪个更重要呢？自身与财物相比，何者是第一位的呢？得到名利地位与丧失生命相衡量起来，哪一个是真正的得到，哪一个又是真正的丧失呢？所以说过分追求名利地位就会付出很大的代价，你有庞大的储藏，一旦有变则必受巨大的损失。追求名利地位这些东西，要适可而止，否则就会受到屈辱，丧失你一生中最为宝贵的东西。

老子的话极具辩证思想，告诉我们应该站在一个什么样的立场上看待得失的问题。也许一个人可以做到虚怀若谷，大智若愚，但是事事占下风，总觉得自己在遭受损失，渐渐地就会心理不平衡，于是就会去计较自己的得失，再也不肯忍气吞声地吃亏。事事一定要分辨个明明白白，结果朋友之间、同事之间是非不断，自己也惹得一身闲气，而想得到的照样没有得到，这是失的多还是得的多呢？

对于得失问题，古人还认识到：自然界中万物的变化，有盛便有衰；人世间的事情同样如此，总是有得便有失。

《论语》中记载了孔子的言论："愚钝的人可以让他做官吗？如果让这样的人做官的话，还没有得到官位的时候，害怕得不到；做了官以后又怕失去。既然怕失去官位，就什么都做得出来。"

同样，庸人在没有得到富贵与权力的时候，就害怕得不到；得到富贵与权力之后，又唯恐一朝失去。这就是我们常说的患得患失。

患得患失的人把个人的得失看得过重。其实人生百年，贪欲再多，钱财再多，也一样是生不带来死不带去。

挖空心思地巧取豪夺，难道就是人生的目的？这样的人生难道就完善，就幸福吗？过于注重个人的得失，会使一个人变得心胸狭隘、斤斤计较、目光短浅。而一旦将个人得失置于脑后，便能够轻松对待身边发生的各种事，遇事从大局着眼，从长远利益考虑问题。

《老子》中说："祸往往与福同在，福中往往就潜伏着祸。"得到了不一定就是好事，失去了也不见得是件坏事。正确地看待个人的得失，不患得患失，才能真正有所收获。人不应该为表面的得到而沾沾自喜，认识人，认识事物，都应该认识他的根本。得也应得到真的东西，不要为虚假的东西所迷惑。失去固然可惜，但也要看失去的是什么，如果是自身的缺点、问题，这样的失又有什么值得惋惜的呢？

思路突破：有舍方有得

"赠"予别人，其实就是"赠"给自己。

第二次世界大战的硝烟刚刚散尽，以美、中、英、法、苏为首的战胜国几经磋商，决定在美国纽约成立一个协调处理国际事务的联合国。一切准备就绪之后，大家才蓦然发现，这个世界性组织竟没有自己的立足之地。

买一块地皮吧，刚刚成立的联合国机构还身无分文。让世界各国筹资吧，牌子刚刚挂起，就要向世界各国搞经济摊派，负面影响太大。况且刚刚经历了战争的浩劫，各国都国库空虚，甚至许多国家都是财政赤字居高不下，在寸土寸金的纽约筹资买下一块地皮，并不是一件容易的事情。联合国对此一筹莫展。

听到这一消息后，美国著名的家族财团洛克菲勒家族经商议，果断出资870万美元，在纽约买下一块地皮，将这块地皮无条件地赠予了这个刚刚挂牌的国际性组织——联合国。同时，洛克菲勒家族亦将毗连这块地皮的大面积地皮全部买下。

对洛克菲勒家族这一出人意料之举，当时许多美国大财团都吃惊不已。870万美元，对于战后经济萎靡的美国和全世界，都是一笔不小的数目呀！而洛克菲勒家族却将它拱手赠出了，并且什么条件也没有。这条消息传出后，美国许多财团和地产商纷纷嘲笑说："这简直是蠢人之举！"并纷纷断言："这样经营不要10年，著名的洛克菲勒家族财团，便会沦落为著名的洛克菲勒家族贫民集团！"

但出人意料的是，联合国大楼刚刚建成，它四周的地价便飙升起来，相当于捐赠款数十倍、近百倍的巨额财富源源不断地涌进了洛克菲勒家族财团的腰包。这种结局，令那些嘲笑过洛克菲勒家族捐赠之举的财团和地产商目瞪口呆。

这是典型的"因舍而得"的例子。如果洛克菲勒家族没有做出"舍"的举动，勇于放弃眼前的利益，就不可能有"得"的结果。放弃和得到永远是辩证统一的。然而，现实中许多人却执着于"得"，常常忘记了"放弃"才是一种至高的人生境界。要知道，什么都想得到的人，最终可能会为物所累，一无所获。

选择小鱼，放弃大鱼

有一句话说得好："眼睛所看着的地方，就是你会到达的地方。"不是吗？一个人能走多远，取决于他能想多远；一个人成功的程度，取决于他胸襟的广狭。

重量级拳王吉姆·柯伯特有一回在做跑步运动时，看见一个人在河边钓鱼，一条接着一条，收获颇丰。奇怪的是，柯伯特注意到那个人钓到大鱼就把它放回河里，小鱼才装进鱼篓里去。柯伯特很好奇，他就走过去问那个钓鱼的人为什么要那么做。钓鱼翁答道："老兄，你以为我喜欢这么做吗？我也是没办法呀！我只有一个小煎锅，煎不下大鱼啊！"

很多时候，我们有一番雄心壮志时，就习惯性地告诉自己："算了吧，我只有一个小锅，可煮不了大鱼。"我们甚至会进一步找借口来劝说自己："更何况，如果这真是个好主意，别人一定早就想过了。我的胃口没有那么大，还是挑容易一点的事情做，别把自己累坏了。"

戴高乐说："眼睛所看着的地方，就是你会到达的地方，唯有伟大的人才能成就伟大的事业，他们之所以伟大，是因为他们决心要做出伟大的事业。"教田径的老师会告诉你:"跳远的时候,眼睛要看着远处,你才会跳得够远。"

目标能激发出令人难以置信的能力,改写一个人的命运。要想把看不见的梦想变成看得见的事实,首先要做的事便是制定目标,这是人生中一切成功的基础。目标会导引你的一切想法,而你的想法便决定了你的人生。

设定目标有一个重要的原则,那就是它要有足够的难度,乍看之下似乎不易达到,它又得对你有足够的吸引力,你愿意全心全意去完成。当我们有了这个目标时,若再加上必然能够实现的信念,那么就可以说成功了一半。

思路突破:穷人最缺少的是野心

法国富翁巴拉昂去世后,《科西嘉人报》刊登了他的一份特别遗嘱:

"我曾是穷人,但当我去世走进天堂时,我却是一个大富翁。在跨入天堂之门前,我不想把我的致富秘诀带走。在法兰西中央银行,有我一个私人保险箱,那里面藏有我的秘诀;保险箱的三把钥匙在我的律师和两位代理人手中。

"谁若能通过回答'穷人最缺少的是什么'而猜中我的秘诀,他将得到我的祝贺。当然,那时我已不可能从墓穴中伸出双手为其睿智欢呼,但他可以从那只保险箱里荣幸地拿走100万法郎,那是我给予他的掌声。"

遗嘱刊出后,《科西嘉人报》收到大量信件。绝大部分的人认为,穷人最缺少的是金钱。穷人还能缺少什么?当然是钱了。还有一部分人认为,穷人最缺少的是机会,穷人最缺少的是技能,穷人最缺少的是帮助和关爱。总之,答案五花八门。

1年后,也就是巴拉昂逝世周年纪念日,律师和代理人按巴拉昂生前的交代,在公证部门的监督下打开了那只保险箱。

在48561封来信中，一位叫蒂勒的小姑娘猜对了巴拉昂的秘诀。蒂勒和巴拉昂都认为，穷人最缺的是野心，也就是成为富人的野心。

颁奖之日，主持人问9岁的蒂勒，为什么想到野心，而不是其他。她说："每次，我姐把她11岁的男友带回家时，总是警告我：'不要有野心！不要有野心！'我想，也许野心可以让人得到自己想得到的东西。"

不必为完美所累

人生的确有许多不完美之处，每个人都会有这样或那样的缺憾。其实，没有缺憾我们便无法去衡量完美。仔细想想，缺憾不也是一种完美吗？

谢尔·西尔弗斯坦在《丢失的那块儿》里讲过这样一个故事：一个圆环被切掉了一块，圆环想使自己重新完整起来，于是就到处去寻找丢失的那块儿。可是由于它不完整，因此滚得很慢，它欣赏路边的花儿，它与虫儿聊天，它享受阳光。它发现了许多不同的小块儿，可没有一块适合它。于是它继续寻找着。

终于有一天，圆环找到了非常适合的小块儿，它高兴极了，将那小块儿装上，然后又滚了起来，它终于成为完美的圆环了。它能够滚得很快，以致无暇注意花儿或和虫儿聊天。当它发现飞快地滚动使它的世界再也不像以前那样时，它停住了，把那一小块儿又放回到路边，缓慢地向前滚去。

人生的确有许多不完美之处，每个人都会有这样或那样的缺憾。其实，没有缺憾我们便无法去衡量完美。仔细想想，缺憾不也是一种完美吗？

　　著名的音乐家托马斯·杰斐逊其貌不扬，他在向妻子玛莎求婚时，还有两位情敌也在追求玛莎。一个星期天，杰斐逊的两个情敌在玛莎的家门口碰上了，于是，他们准备联合起来，羞辱杰斐逊。可是，这时门里传来优美的小提琴声，还有一个甜美的声音在伴唱。如水的乐曲在房屋周遭流淌着，两个情敌此时竟然没有勇气去推玛莎家的门，他们心照不宣地走了，从此再也没有回来过。

　　杰斐逊并不完美，也不出众，但是他有了小提琴和音乐才华，就不可战胜了。

　　对于每个人来讲，不完美是客观存在的，无须怨天尤人，在羡慕别人的同时，不妨想想，怎样才能走出误区。或用善良美化，或用知识充实，或用自己的一技之长发展自己……生命的可贵之处，在于看到自己的不足之处后，能坦然面对。

　　人生就是充满缺陷的旅程。从哲学的意义上讲，人类永远不满足于自己的思维、自己的生存环境、自己的生活水准。这就决定了人类不断创造、追求，从简单的发明到航天飞机，从简单的词汇到庞大的思想体系。没有缺陷，产品便不会一代代更新。没有缺陷就意味着圆满，绝对的圆满便意味着没有希望，没有追求，便意味着停滞。

　　生活不可能完美无缺，也正因为有了残缺，我们才有梦，才有希望。当我们为梦想和希望而付出我们的努力时，我们就已经拥有了一个完整的自我。

思路突破：面对不完善的自我

　　古语云：甘瓜苦蒂，物不全美。从理念上讲，人们大都承认"金无足赤，人无完人"。正如世界上没有十全十美的东西一样，生活中也不存在精灵神通的完人。但在认识自我、看待别人的具体问题上,许多人仍然习惯于追求完美,要求自己样样都行,对别人也往往是全面衡量。

难道那些名人果真那么光彩夺目、无可挑剔吗?绝非如此。任何人总有其优点和缺点两个方面。

美国大发明家爱迪生,有过一千多项发明,被誉为发明大王,但他在晚年固执地反对交流输电,一味主张直流输电。

电影艺术大师卓别林创造了生动而深刻的喜剧形象,但他极力反对有声电影。

人是可以认识自己、操纵自己的,人的自信不仅是相信自己有能力、有价值,而且是相信自己有缺点。我们放弃了完美,就会明白我们每个人的两重性是不可改变的。所以,我们应当保持这样一种心态,我知道自己的长处、优点,也知道自己的短处、缺点;我知道自己的潜能和心愿,也知道自己的困难和局限。自我永远具有灵与肉、好与坏、真与伪、友好与孤独、坚定与灵活等两重性。

自我容纳的人,能够实事求是地看自己,也能正确看待别人的两重性,这样就会抛弃骄傲自大、清高孤僻、鲁莽草率之类导致失败的弱点。我们将这种自我肯定,自我容纳的意识付诸行动,就能从自身条件不足和所处环境不利的局限中解脱出来,去说自己想说的话,去做自己想做的事,不必藏拙,不怕露怯。即使明知在某方面不如别人,只要是自己想做的事,也会果敢行动,我行我素。因为任何一个人只有经过不知所措、羞怯紧张的阶段,才能学会走路、讲话、游泳、滑冰、骑车、跳舞等技能。

法国大思想家卢梭说得好:"大自然塑造了我,然后把模子打碎了。"这话听起来有点玄乎,其实说的是实在话。可惜的是,许多人不肯接受这个已经失去了模子的自我,于是就用自以为完美的标准,即公共模子,把自己重新塑造一遍,结果失去了自我。

"成为你自己!"这句格言之所以知易行难,道理就在于此。失去了自我,失去了个性与自我意识,你还谈什么改进和提高呢?

此路不通,请绕行

在攀登顶峰的路途上,遇到"请绕行"的标志是不可避免的,这时候,你不妨坦然接受,不必固执地"一条道跑到黑"。请记住,绕行有时可以让你有机会看到更美的景致。

你或许有过开车去长途旅行的经历。当你手里拿着地图前行的时候,突然之间,前面出现了一块写着"此路不通,请绕行"的路标。而你的地图上并没有这个标志,于是你陷入了窘境。事实上,在我们每个人的职业生涯中,也常常会出现"请绕行"的情况,这时就需要我们采取不同的计划、不同的步骤来达到既定的目标。

被誉为"世界上最伟大的推销员"的乔·吉拉德讲道:"我曾经长期从事汽车销售工作,而且做得相当出色。对我来说,推销员的工作能让我得到很大的个人满足。在我的帮助下,许多人得以拥有一辆可靠、舒适、安全和价格适中的新车。但在我的汽车销售生涯中,我依然不得不面对一些改变。譬如说,为了应付1974年石油禁运的突发情况,我不得不对销售手法做了一些调整。在过去那些日子里,汽车工业发生了许多技术上的改革。身为汽车推销员的我,自然需要随时对汽车有新的认识。所以,销售汽车绝不仅仅是寻找买主、下订单那么简单。"

你必须意识到变化随时都可能发生,你必须为此做好充分的心理准备。

"此路不通,请绕行",我们应随着变化及时地调整自己的步伐,切莫在无法实现的事情上耗费过多的精力和时间,让"生命号"之轮就此搁浅。

思路突破:如果错了,就重新开始

有一只老鼠跑进迷宫去找干酪,它跑进一条通道,转过弯,越过一个障碍,说:"什么?没干酪。好,我要定了那块干酪。我闻得到它就在某处。"

这只老鼠于是跑进另一条通道,转几个弯,越过几个障碍,终于找到干酪。它那些选择没有一项是错的,之前的各项选择都只是一个教训,告诉你干酪不在那儿。

老鼠一旦知道干酪不在一个地方,它就走开,有时需倒退才能寻到正确的路。这只老鼠从不休止,也不停止选择,直至找到干酪为止。

实验室里,有个现象称为"精灵的老鼠"。进迷宫的第一天,精灵的老鼠很快就找到了干酪。第二天,精灵的老鼠直奔昨天放干酪的地点。发现干酪不在原处,它四处张望,显然在纳闷:"干酪'应该'在此呀,哪儿去了?"老鼠上看下看,奇怪道:"这迷宫今天怎么了?到底……"老鼠于是坐下来,等干酪出现——时候显然不早了嘛——一直等到饿死。其实,干酪就在隔壁的通道上。只要多做选择以及少做一项决定——这只老鼠就会得到它想要的东西。

我们经常变成精灵的老鼠,经由尝试与错误,找到了一条使我们相当接近目标的路。然后,我们"决定"了:"就是这条路。""我们为你指出了路,把你的名字画上,"美国"摇滚乐之父"鲍伯·狄伦哀叹道,"结果你以为那是你可以占有之处。""这条路"不通的时候——也就是说它不再能引我们更接近我们的目标——我们照走不误。为什么?"因为它以前完全行得通。"

一个法子如果没用,聪明一点,放掉它,无论它过去多么有用,我们必须再做选择。又不通的话,咧一下嘴,说:"哦,好吧。"然后做下一个选择。

背着石头上山

懂得放下其实是一种境界,一种修养。没有太多的纷扰和欲望的捆绑,就会活得更加简单,更加洒脱,更加自由。

两个和尚一道到山下化斋,途经一条小河。两个和尚正要过河,忽然看见一个妇人站在河边发愣,原来妇人不知河的深浅,不敢轻易过河。一个年纪较大的和尚立刻上前去,把那个妇人背过了河。两个和尚继续赶路,可是在路上,那个年纪较大的和尚一直被另一个和尚抱怨,说作为一个出家人,怎么能背妇人过河,又说了一些不好听的言语。

年纪较大的和尚一直沉默着,最后他对另一个和尚说:"你之所以到现在还喋喋不休,是因为你一直都没有在心中放下这件事,而我在放下妇人之后,同时也把这件事放下了,所以才不会像你一样烦恼。"

"放下"是一种觉悟,更是一种心灵的自由。

其实,生活原本是有许多快乐的,只是我们常常自寻烦恼,"空添许多愁"。许多事业有成的人常常有这样的感慨:事业小有成就,但心里空空的,好像拥有很多,又好像什么都没有。总是想成功后坐豪华游轮去环游世界，尽情享受一番。但真的成功了，却又没有时间、没有心情去了却心愿。因为还有许多事情让人放不下……

对此，我国台湾作家吴淡如说得好：好像要到某种年纪，在拥有某些东西之后，你才能够悟到，你建构的人生像一栋华美的大厦，但只有外壳，里面水管失修、配备不足、墙壁剥落，又很难找出原因来整修，除非你把整栋房子拆掉，但你又舍不得拆掉。那是一生的心血，拆掉了，所有的人会不知道你是谁，你也很可能会不知道自己是谁。

很多时候，我们舍不得放弃一个放弃了之后并不会失去什么的工作，舍不得放弃对权力与金钱的追逐……于是，我们只能用生命作为代价，透支健康与年华。但谁能算得出，在得到一些自己认为珍贵的东西时，有多少和生命休戚相关的美丽像沙子一样从手掌间溜走？而我们却很少去思忖：掌中所握的生命的沙子数量是有限的，一旦失去，便再也捞不回来。

思路突破：懂得放弃是一种境界

在日常生活中，对不用之物的处理往往体现出一个人的思维方式。随着人们生活水平的提高，物尽其用的概念已经陈旧。现在，家家都有不少已被替代但并未完全丧失功能的物品，有些人家舍不得丢弃，日积月累，无用之物越积越多，等到堆放不下了，只能惋惜地集中扔掉，并在疲劳的同时慨叹着"早知今日，何必当初"。

有些人随时淘汰那些不再需要的东西，省去了集中处理的精力，平时家中也显得简洁明快。其实人生又何尝不是如此，即便过着平凡的日子，也依然会不断地积累，大到人生感悟，小到一张名片，都是从无到有，积少成多。无论你的名誉、地位、财富、亲情，还是你的烦恼、忧愁，都有很多是该弃而未弃或该储存而未储存的。

　　人类本身就有喜新厌旧的癖好,都喜欢焕然一新的感觉,不学会放弃是无论如何也无法焕然一新的。学会放弃也就成了一种境界,大弃大得,小弃小得,不弃不得。

　　有一个聪明的年轻人,很想在一切方面都比他身边的人强,他尤其想成为一名大学问家。可是,许多年过去了,他的其他方面都不错,学业却没有长进。他很苦恼,就去向一个大师求教。

　　大师说:"我们登山吧,到山顶你就知道该如何做了。"

　　那山上有许多晶莹的小石头,煞是迷人。每见到他喜欢的石头,大师就让他装进袋子里背着,很快,他就吃不消了。"大师,再背,别说到山顶了,恐怕连动也不能动了。"他疑惑地望着大师。大师微微一笑:"该放下不放下,背着石头怎么能登上山顶呢?"

　　年轻人一愣,忽觉心中一亮,向大师道了谢走了。之后,他一心做学问,进步飞快。其实,人要有所得必有所失,只有学会放弃,才有可能登上人生的高峰。

　　我们很多时候羡慕在天空中自由自在飞翔的鸟儿,人其实也应该像鸟儿一样,欢呼于枝头,跳跃于林间,与清风嬉戏,与明月相伴,饮山泉,觅草虫,无拘无束。这才是鸟儿应有的生活,才是人类应有的生活。

　　人生在世,有许多东西是需要放弃的。在仕途中,放弃对权力的追逐,随遇而安,得到的是宁静与淡泊;在淘金的过程中,放弃对金钱无止境的掠夺,得到的是安心和快乐;在春风得意时,放弃对权力的占有,得到的是家庭的温馨和美满。

进和退有学问

对于成功者来说，只要人生目标的大方向没变，有时候采用以退为进的策略，也不失是一种明智的选择。

美国前总统克林顿跟莱温斯基的那场风波也许仍在人们的记忆之中。我们可以想一想，当克林顿与莱温斯基的事情东窗事发时，克林顿若死不承认，也是一种选择。当着全世界人的面，堂堂的美国总统承认自己的丑事，这是多么让人难为情的事情啊！但克林顿的聪明之处就在于，他采取了一种以退为进的策略，承认了自己的错误。

无独有偶，同样是美国总统，当年肯尼迪在竞选美国参议员的时候，他的竞选对手在最关键的时候轻易地抓到了他的一个把柄：肯尼迪在学生时代，曾因欺骗而被哈佛大学清退。这类事件在政治上的威力是巨大的，竞选对手只要充分利用这个证据，就可以使肯尼迪诚实、正直的形象蒙上一层阴影，使他的政治前途黯淡无光。一般人面对这类事情的反应不外是极力否认，澄清自己，但肯尼迪很爽快地承认了自己的确曾犯了一项很严重的错误，他说："我对于自己做过的事情感到很抱歉。我是错的。我没有什么可以辩驳的。"肯尼迪这么做，等于说"我已经放弃了所有的抵抗"，而对于一个已经放弃抵抗的人，你还要跟他没完没了吗？如果对手真的继续进攻，就会显得对手没有一点风度。所以，我们应记住一个基本原则：一个人既然已经承认错误了，那么你就不能再去攻击他，再去跟他计较。

这是在被动的情况下采用的以退为进的策略。在主动的情况下，由于彻底解决某个问题的时机没有完全成熟，也可以采用这种策略。

清朝康熙皇帝继位时年龄很小，功臣鳌拜掌握朝中大权，并想谋取皇位。康熙十分清楚鳌拜的野心，但他觉得自己根基未稳，准备还不充分，于是索性不问政事，整天与一帮哥们儿"游戏"，以造成一种自己昏庸无能的假象。一次，康熙着便服同索额图一起去拜访鳌拜，鳌拜见皇帝突然来访，以为事情败露，伸手到炕上的被褥中摸出一把尖刀，被索额图一把抓住。直到这时，康熙仍装糊涂说："这没什么，想我满族人自古以来就有刀不离身的习惯，有何奇怪？"康熙此举让鳌拜对他彻底放松了戒备，最后康熙等时机成熟时一举将其擒获，可以说是放出长线，钓上了大鱼。

思路突破：大丈夫能屈能伸

荀子说，大丈夫根据时势，需要屈时就屈，需要伸时就伸；可以屈时就屈，可以伸时就伸。屈于应当屈的时候，是智慧；伸于应当伸的时候，也是智慧。屈是保存力量，伸是壮大力量；屈是隐匿自我，伸是高扬自我；屈是生之低谷，伸是生之巅峰。有低谷，有巅峰，犬牙交错，呈波浪式行进，这才构成完美而丰富的人生。

荀子又说，大丈夫推崇他人的德行，赞扬他人的道德，这不是出于阿谀奉承；公正地、坦率地指出他人的错误，也不是出于诽谤和挑剔；客观地、中肯地表白自己光明磊落，与虞舜夏禹相比拟，与苍天大地相参合，这不叫虚夸狂妄。随时势能屈能伸，柔顺如同薄席，可卷可张，这不是出于胆小怕事；刚强、勇敢而又坚毅，从不屈服于人，这不是出于骄傲暴戾。

荀子还说，人如果到了如《诗经》中所说的，"往左，你能应付裕如；往右，你能掌握一切"这样的境界，就不枉为人了。

大丈夫有起有伏，能屈能伸。起，就起他个直上九霄，伏，就伏他个如龙在渊；屈，就屈他个不露痕迹，伸，就伸他个天高海阔。

南宋抗元民族英雄文天祥，几次被捕几次逃亡，出生入死，找到自己的军队，与敌人展开最后一战，被捕后英勇就义，英名流芳百世。他那"人生自古谁无死，留取丹心照汗青"的诗句永远激励着后人！

史学家司马迁对楚国义侠季布为实现自己的政治抱负，不惜乔装为奴，忍辱偷生给予了如下评论：

"季布以勇显于楚，身屡军搴旗者数矣，可谓壮士。然至被刑戮，为人奴而不死，何其下也！彼必自负其材，故受辱而不羞，欲有所用其未足也，故终为汉名将，贤者咸重其死。夫婢妾贱人感慨而自杀者，非有勇也，其计划无复之耳。"

其实，司马迁本人就是耿介之士。当群臣众口一词片面地诋毁李陵降胡时，他却站出来，仗义执言，结果触怒了汉武帝而被处以宫刑。受宫刑乃奇耻大辱，从不畏死的角度看，司马迁理应自杀。但他深知自己肩负着客观记述历史的使命，必须忍辱偷生。

试想：如果没有司马迁的忍辱负重，怎么能有巨著《史记》的出现？

第九章 人成功不在于拿一副好牌，而在于把牌打好

珍视自我与羡慕别人的较量

有些人总是羡慕别人手中的牌好，但别人的牌再好都是他们掌握的，你能出的只是你手里的牌。与其羡慕别人的牌，不如想想怎样打好自己手中的牌。

对于我们每个人自身来说，在珍视自我与羡慕别人之间也在不断地斗争、较量。我们知道要爱惜自己，但总是会对别人的生活羡慕不已，例如看到别人有车有房，你就自惭形秽；看到别人有一份收入不菲的好工作，你的心理也极不平衡；看到别人工作轻闲，经常外出休假，你就异常羡慕……或多或少，人们都会有这样的想法。其实，每个人有每个人的活法，每个人有每个人的世界，你不用羡慕别人的生活。有车有房的人，也许正在为还银行贷款而发愁；收入不菲的人，可能他活得特别累；外出休假的人，可能是为了躲避债务……你羡慕他，可能他们同时也在羡慕

你，人生就是这样。珍惜你现在的生活才是最重要的。

有两只老虎，一只生活在笼子里，另一只生活在野地里。在笼子里的老虎三餐无忧，在外面的老虎自由自在。两只老虎经常进行亲切的交谈。笼子里的老虎总是羡慕外面的老虎自由，外面的老虎却羡慕笼子里的老虎安逸。一日，一只老虎对另一只老虎说："咱们换一换。"另一只老虎同意了。于是，笼子里的老虎走进了大自然，外面的老虎走进了笼子。从笼子里走出来的老虎十分高兴，在旷野里拼命地奔跑；走进笼子的老虎也十分快乐，因为它再也不用为食物发愁了。

但不久，两只老虎竟都死了，一只是饥饿而死，另一只是忧郁而死。从笼子中走出来的老虎获得了自由，却没有同时获得捕食的本领；走进笼子的老虎获得了安逸，却没有获得在狭小空间生活的心境。

如果你正在羡慕别人的生活，不如好好体味一下上面这个故事。合适的才是最好的。许多时候，人们往往对自己拥有的幸福熟视无睹，而觉得别人的幸福却很耀眼。仔细想想，也许别人的幸福对自己不适合，别人的幸福也许正是自己的坟墓。

这个世界多姿多彩，每个人都有属于自己的生活方式，何必去羡慕别人？安心享受自己的生活和幸福才是快乐之道。你不可能什么都得到，什么都适合去做。珍惜自己手中的牌，好好经营自己，才能拥有一个最真实、最圆满的人生。有人说过："人生若要不留下许多空白，唯一的办法是珍惜曾经拥有的，追求你所没有的。"

人的一生中值得珍惜的东西有很多，最重要的不外3点，那就是时间、机会和珍视自我。

人们常说年轻人都是富有的，那是因为他们拥有这个世界上最宝贵的财富——时间。时间就是生命，但我们却常常用有限的时间去羡慕别人，而不是珍视自己，那岂不是本末倒置？

西方有一位哲学家说，在许多事情上，我们应少用心去创造机会，应该更好地抓住现有的机会。与其羡慕别人，还不如好好抓住机会，让别人羡慕自己。羡慕别人是因为自己的缺少或者失去。但是失去了一次并不意味着永远失去，只要有机会就得牢牢地抓住，才能使我们不至于掉入总是羡慕别人的深渊。

当我们花费大量的时间羡慕别人，并为此而感到自卑的时候，别人或许花了更多的时间做了一些值得做的事情。所以，不如将羡慕别人的时间花在努力赶超别人上。其实每个人都有优点，你只是看到了别人最光彩的一面。拿自己不出色的一面与别人最出色的一面进行比较，当然会失落。人有时候总是不能公平地看待自己，有人高看了自己，而不少人则高看了别人。

人没有必要羡慕别人，而应该将时间花在珍视自我上，看到自身的优势，充满自信地去应对生活，努力为自己的前途奋斗。

人生就像打牌一样，很多人总是羡慕别人手中的牌，而对自己手中的牌从来都不认真对待。其实，即使你非常羡慕别人，又有什么用呢？最后你还是得老老实实地打你自己的牌。

"王牌"只有一两张

很多人手里一般都会有一两张王牌，所以，当手拿满副牌的时候，我们就要思考，究竟哪两张才是自己的王牌，找准王牌，才能在关键时刻出奇制胜。

要找到自己的"王牌"，要创造成功、美好的人生，我们必须对自我有一个清醒的认识，只有在认识自我的基础上，才能去发掘与完善自我，从而为成功奠定稳固的基础。

通常人们以为外部世界虽然不易认清，但对自己却是了如指掌的。其实不然，别看你很爱自己，但很可能你一辈子都没有真正认识自己。正所谓"不识庐山真面目，只缘身在此山中"。一个人若想有一番成就，最好是及早正确地认识自己。

有一天，上帝来到尘世，对地球上的所有居民进行了一番智慧调查。

上帝问大象："你是谁？"

大象回答说："我是学识渊博的学者。"

上帝问袋鼠："你是谁？"

袋鼠说："我是全球闻名的拳王。"

上帝又问鱼："你是谁？"

鱼摇摆着灵巧的身躯回答说："我是天地间的精灵。"

上帝又问鸟："你是谁？"

鸟回答道："我是风。"

上帝最后问人："你是谁？"

人回答道："我是谁？这个问题我还真没想过呢！"

上帝终于叹了口气，说道："唉！天地间，最难认识的是自己啊！"

而对于自己是谁这个问题，有位老先生常常这样教导他的学生："人贵有自知之明，做人就要做一个自知的人。唯有自知，方能知人。"有个学生反问道："请问先生，您是否了解您自己呢？""是呀，我了解我自己吗？"先生想，"嗯，我回去后一定要好好观察、思考、了解一下我自己的个性、心灵。"

回到家里，老先生首先拿来一面镜子，仔细观察自己的容貌、表情，然后通过容貌、表情再来分析自己的个性。他看到了自己亮闪闪的秃顶。噢，不错，莎士比亚就有个亮闪闪的秃顶。

他想。他看到了自己的鹰钩鼻。噢,英国大侦探福尔摩斯——世界级的聪明大师就有一个漂亮的鹰钩鼻。他发现自己个子矮小。哈哈!拿破仑也和我一样矮小。他看到自己的大撇撇脚。呀,卓别林就有一双大撇撇脚!他想:我嗜酒如狂,正与李白同好;我嗜烟如命,正与诸多哲学家相同;我上课侃侃而谈,超过孔夫子的四方游说;我善于知人知己,胜过诸葛亮的神机妙算……

经过这样一番分析,老先生终于有了"自知"之明。第二天,他对他的学生说:"古今中外名人、伟人、聪明人的特点集于我一身,我是一个不同凡响的人,我将前途无量。"

很多时候人总是自以为对自己很了解,但就像这位教书先生一样,虽然教育自己的学生要做一个自知的人,可他连自己都认不清。

一个人之所以不容易建立正确的自我观,往往是因为许多方面不能直接衡量,而间接得来的资料又不十分可靠。但即便如此,我们也应当尽力去认识自我,在此基础上,才可以了解自己的优势与劣势,长处与短处,从而取长补短,发挥自己的最大潜能,并进一步完善自我。

古希腊哲学家苏格拉底有句名言:"认识你自己。"这句古老的名言将人的眼光从自然、宇宙拉回人类自身,可谓具有划时代的意义。今天,这句名言的现实意义是:重新审视自己,发现自己的能力和不足,给自己准确定位。

著名的英国戏剧家王尔德说:"那些自称了解自己的人都是肤浅的人。"这的确是无可争辩的事实,因为对每个人来说,要想完全认识自己,并不是一件容易的事情。在很多时候,我们甚至还会对自我产生一定程度的认识偏差。人的一些复杂的品质,是目前还没有办法可以准确衡量的,于是人们就得经常利用间接的方式来获得一些对自己的认识。

首先，凭借自身实际的工作成果来寻找到自己的王牌——自己身上最突出的地方。由于这种方法有比较客观的事实作为依据，所以通常由此而建立的自我印象也是比较准确的。由于每个人所具有的才能各不相同，如果只是看他们在某些方面的成就，往往不能全面地衡量一个人的能力与作用。许多时候，一部分人的某些才能或许会因为没有施展的机会而被湮没。

其次，想要找出自己的王牌，与别人相比较是一种简便、有效的方法。运用这个方法，我们除了要不时和周围的人相比较，还应经常与某些理想的标准相比较。把他人作为比较的对象，以自己能否达到跟他人同样的标准作为成功或失败的衡量尺度。

最后，人际反馈法。既然我们无法准确地衡量自己的人格品质和行为，那就得利用别人对我们的态度和反应来获得些自我认识。比如某人若是被父母所钟爱，被师长所重视，被朋友所喜爱，大家都乐于和他交往，愿意和他一起工作和游戏，那就表明他一定具备某些令人喜欢的品质。不过有时也难免被歪曲或夸张，如果能多用几面"镜子"，就基本可以看清自己了。同样，有成见的人毕竟是少的，如果我们能较多地与人交往，看看多数人对自己的反应，一般情况下，是有助于自我认识的。

以上几个认识自我的方法虽然均有一定的局限性，但如果综合起来，对于较为全面地进行自我认识还是很有帮助的。尽管要完全彻底地认识自我是一件较为困难的事情，但我们仍然应当尽力去了解真实的自己，找到自己的王牌。

所以，"发牌"时我们就要思考，究竟哪几张才是自己的王牌，只有找到我们的王牌，才能在危急时刻扭转乾坤，反败为胜。

别人的牌可能更坏

人有时候看到自己手中的牌不怎么样,于是便会想别人的牌一定会很好,怪自己的手气差。而事实上,别人手里的牌可能更糟糕,如果他能赢牌,那只是出牌人会打而已。

有时候我们心情沮丧,觉得处处不如人,就是因为觉得自己拿了一手的"坏牌"。

有一个国王,他常为过去的错误而悔恨,为将来的前途而担忧,整日郁郁寡欢,于是他派大臣四处寻找一个快乐的人,并要把这个快乐的人带回王宫。

这位人臣四处寻找了好几年,终于有一天,当他走进一个贫穷的村落时,听到一个快乐的人在放声歌唱。循着歌声,他找到了正在田间犁地的农夫。

大臣问农夫:"你快乐吗?"农夫回答:"我啊,没有一天不快乐。"

大臣喜出望外地把自己的使命和意图告诉了农夫。农夫不禁大笑起来,他又说道:"我曾因为没有鞋子而沮丧,直到有一天我在街上遇到了一个没有脚的人。"

生活中,有人为低工资而烦恼,但猛然发现邻居大嫂已经下岗失业,于是又暗暗庆幸自己还有一份工作可以做,虽然工资低一些,但起码没有下岗失业,心情转眼就好了起来。很多人总是看重自己的痛苦,而对别人的痛苦忽略不计。当自己痛苦不堪的时候,要是能够换一个角度来思考,痛苦的程度就会大大减弱。当自己兴高采烈的时候,应多向上比,会越比越进步;当自己苦恼、郁闷的时候,应多向下比,会越比越开心。

所以,很多时候,我们要多看自己的优点,看到自己所拥有的,而不是抓住自己的缺点或不曾拥有的东西不放。

从前有一个流浪汉，不知进取，每天只知道拿着一个碗向人乞讨度日。终于有一天，人们发现他饿死了。他死后，只剩下了那个他天天向人要饭时用的碗。有人看到了这个碗，觉得有些特别，就带回家，仔细研究后发现，原来流浪汉用来向人乞讨的碗竟是价值连城的古董。

有这样一个故事：

有个穷人探访一位有钱、有地位的富翁。富翁同情他，故热诚款待，结果穷人酒醉不醒。恰好这时官方通知富翁有要事需要他处理，富翁想推醒穷人，向他告别，但穷人没醒，富翁只好悄悄地把一些珠宝塞进他的破衣服中。

穷人醒后，浑然不知，依然如同往常一样四处流浪。过了一些时日，两个人偶遇，富翁告诉他衣服中藏宝的真相，穷人方才如梦初醒。

原来这么多日子以来，自己连身上有"小宝藏"都不知道！

其实，自己的身上就具有很大的潜能，只是大多数人毫无察觉。

20世纪90年代，由于受亚洲金融风暴的影响，香港经济萧条，各行各业传来裁员的消息，社会上一下子出现了很多的"穷人"。有些人怨天怨地，自暴自弃；有些人担惊受怕，惶惶不可终日。人们都指望老天爷搭救，幻想买六合彩、赌马、打麻将发财。这时一位学者站出来呼吁说："大家为什么不冷静地反省、思索，面对经济不景气，自己还有哪些潜藏的本事、才能没有发挥？凭自己的实力、条件，还有哪些事业、工作可以去拼搏？"

网上有这么一幅比较流行的漫画：

一个漂亮的女孩子觉得自己过得很不幸，终于有一天她真的决定跳楼自杀。身体慢慢往下坠，她看到了十楼以恩爱著称的夫妇正在互殴，九楼平常坚强的Peter正在偷偷哭泣，八楼的阿妹发现未婚夫另有新欢，七楼的丹丹在吃她的抗抑郁症药，六楼失业的阿喜还是每天买7份报纸找工作，五楼受人尊敬的王先生正被妻子罚跪搓衣板，四楼的Rose又要和男友闹分手，三楼的阿伯每天盼望有人拜访他，二楼的莉莉还在看她那结婚半年就失踪的老公的照片。在她跳下之前，她以为自己是世界上最倒霉的人，而现在她才知道，每个人都有不为人知的烦恼。看完他们之后她觉得其实自己过得还不错……可是已经晚了。当她掉在楼下的地上时，楼上所有不幸的人同时感慨：原来自己的生活还是美好的，还有人比他们更不幸。

这幅漫画很贴切地展现了生活中许多人的想法，我们总是羡慕别人的生活是如何美好，总觉得自己是最不幸的那一个，而事实并非如此。每个人都有各自的烦恼，就像这个美丽的女子在跳楼时所看到的那样，谁都不是生活中的宠儿，只是每个人对待生活的态度不同而已。坚强的人最终尝到了生活的美味，意志薄弱的人最终被生活所淘汰。

所以，我们不要总把眼光局限在自身的坏牌上，实际上，别人手中的牌也并非都是好牌。这样去想，你才不至于太自卑、太绝望，才能保持必胜的信心，坚定地走下去。

丑女也无敌，坏牌自有可取之处

你手里可能拿的是一把看起来糟透了的牌，但千万不要小瞧了这把坏牌，它可能会在重要的时候成为让你翻身的王牌。要知道，坏牌对成功也有着重要的意义。

热播的电视剧《丑女无敌》，让很多人看到了一个相貌欠佳的女人依然可以很成功。同样,当我们自身存在很多不足的时候,我们也可能会获得成功。

美国钢铁大王安德鲁·卡内基曾说:"不要轻视那些从普通的学校里走出来,一头扎进工作中的年轻人,也不要轻视在办公室里干诸如端茶、扫地一类最低等活的年轻人,他很可能就是一匹黑马,你最好还是密切注意他,终有一天他会向你挑战的。"

日本汽车巨头本田宗一郎也说过:"苦难也是好事,人没有刺激就不会进步。当一个人身处逆境、走投无路时,智慧就显得尤为可贵。成功的最好条件是吃苦耐劳,是亲身体会痛苦。经受的痛苦与获得的荣誉往往成正比。如果说有了荣誉就没有痛苦,这是绝对不可能的。失败也是好事。招聘时,如果有一个没有经历过失败,一帆风顺就把问题解决了的人,和一个经受过10次失败才获得成功的人,他们如果是同龄人,要我选择的话,我就选经历过失败的那一个。同一年龄,经受过失败的人能吃苦耐劳,因为这些痛苦的经历可以成为一股新的力量,成为人生飞跃的基础。"

人的一生绝不可能是一帆风顺的,有成功的喜悦,也有无尽的烦恼;有波澜不惊的坦途,更有布满荆棘的坎坷与险阻。当苦难的浪潮向我们涌来时,我们唯有与命运进行不懈地抗争,才有希望看见成功女神高擎着的橄榄枝。

古人云:"天将降大任于斯人也,必先苦其心志,劳其筋骨,饿其体肤,空乏其身,行拂乱其所为,所以动心忍性,曾益其所不能。"苦难是锻炼人意志的最好的学校。与苦难搏击,它会激发你身上无穷的潜力,锻炼你的胆识,磨炼你的意志。也许,身处苦难之时你会倍感痛苦与无奈,但当你走过之后,你会更加深刻地明白:正是那份苦难给了你人格上的成熟和伟岸,给了你面对一切时无所畏惧的勇气。

苦难，在不屈的人们面前会变成一份礼物，这份珍贵的礼物会成为真正滋润你生命的甘泉，让你在人生的任何时刻都不会轻易被击倒！

一位父亲带儿子去参观凡·高故居。在看过那张小木床及裂了口的皮鞋之后，儿子问父亲："凡·高不是一位百万富翁吗？"父亲答："凡·高是位连妻子都没娶上的穷人。"

第二年，这位父亲带儿子去丹麦。在安徒生的故居前，儿子又困惑地问："爸爸，安徒生不是生活在皇宫里吗？"父亲答："安徒生是位鞋匠的儿子，他就生活在这栋阁楼里。"

这位父亲是一个水手，他每年往来于大西洋的各个港口。他的儿子叫伊尔·布拉格，是美国历史上第一位获普利策奖的黑人记者。

20年后，在回忆童年时，布拉格说："那时我们家很穷，父母都靠卖苦力为生。有很长一段时间，我一直认为像我们这样地位卑微的黑人是不可能有什么出息的，好在父亲让我认识了凡·高和安徒生，这两个人告诉我，上帝没有这个意思。"

从这个故事中我们可以发现这样一个事实：上天有时会把它的宠儿放在穷人中间，让他们从事卑微的职业，使他们远离金钱、权力和荣誉，可却在某个有意义、有价值的领域中让他们脱颖而出。

霍兰德说："在最黑的土地上生长着最娇艳的花朵，那些最伟岸挺拔的树木总是在最陡峭的岩石中扎根，昂首向天。"而高普更是一语道破天机，他说："并非每一次不幸都是灾难，早年的逆境通常是一种幸运。与困难做斗争不仅磨炼了我们的人生，也为日后更为激烈的竞争准备了丰富的经验。"

古希腊神话传说中有这样一个故事：

天神西绪弗因为犯了法，受到宇宙之神宙斯的惩罚，降到人世间来受苦。宙斯对他的惩罚是推一块石头上山。每天，西绪弗都费很大的劲儿才把那块石头推到山顶，但他想回家休息时，石头又会自动地滚下来，于是，西绪弗又要把那块石头往山上推。这样，西绪弗不得不在永无止境的失败命运中受苦受难。西绪弗每次推石头上山时，其他天神都打击他，告诉他不可能成功。但西绪弗不肯认命，一心想着推石头上山是他的责任，只要把石头推上山顶，责任就尽到了，至于石头是否会滚下来，那不是他的事。所以，当西绪弗努力地推石头上山的时候，他显得非常平静，因为他一直安慰自己：明天还有希望。宙斯对西绪弗无可奈何，最后只好解除了对他的惩罚。

把困难当作机遇，把命运的折磨当作人生的考验，忍受今天的苦痛，寄希望于明天的甘甜，这样的人，即便是上帝也对他无能为力。

不少人面对困难时一味地抱怨、苦恼，长期沉溺其中不能自拔，而抱怨又有何用？只能徒增自己的痛苦罢了！

为什么不换个角度想问题，化阻力为动力呢？

牌不在好坏，而在于想赢的信念

一副好牌不见得会赢，一副烂牌也不见得会输，可见赢的关键不在于手中的牌有多好，而在于自己有多想赢。如果不想赢，再好的牌也会输。

一个人若想取得成功，关键还在于他有没有成功的信念，心想才能事成。有时候，信念的作用是强大的，如果没有成功的信念，即使你拥有优越的条件也不会取得成功。

成功的人都拥有相同的特质，即他们都拥有坚定的信念。信念，会让人克服重重困难，获得成功。

生活中的很多人也有成功的愿望，但愿望和信念不一样。愿望只是静态的，"我希望成功，希望富有，希望很有成就……"而信念则是动态的，"我要获得成功，要创造财富，要获得成就……"一个拥有信念的人，坚信成功不久就会到来，所以一直努力坚持，尽自己最大的努力向成功迈进。

原籍中国广东的泰国华侨、泰国盘谷银行董事长陈弼臣，其父亲只是泰国曼谷某商业机构的一名普通秘书。陈弼臣儿时被父亲送回中国接受教育，17岁那年因家境贫困被迫辍学。返回曼谷后，陈弼臣做过搬运夫、售货小贩以及厨师，同时还做过两家木材公司的会计，日子就在他精打细算的盘算中度过。4年之后，陈弼臣终于从一家建筑公司职位低微的秘书晋升为部门经理。后来，在几位朋友的赞助下，他集资创办了一家五金木材行，自任经理。经过不懈的努力，攒了一些钱后，陈弼臣又接连开了3家公司，致力于木材、五金、药物、罐头食品以及大米的外销业务。当时，泰国被日本占领，陈弼臣生意的难做程度可想而知。但是，陈弼臣一边积极抗日一边做生意，业务在他的努力下渐渐兴隆起来。

1944年年底，陈弼臣与其他10个泰国商人集资20万美元创立了盘谷银行，职员仅仅23人。银行正式营业后，陈弼臣经常与那些受尽了列强凌辱、被外国大银行拒之门外的华裔小商人来往。尽管那些贫穷的小商人时常不礼貌地突然闯进陈弼臣的家中，但他们仍然受到陈弼臣的礼遇。

关于这一点，陈弼臣后来说："开银行是做生意，不是只做金融业务。当我判断一笔生意是否可做时，只要观察这个顾客本人以及他的过去和他的家庭状况就可以了。"

陈弼臣最初负责银行的出口贸易，因此与亚洲各地的华人商业团体建立了广泛的联系，并且积累了丰富的业务知识和经验，大大推进了盘谷银行的出口业务。在他出任盘谷银行的总裁后，一直是这家银行的中流砥柱。

经过多年的艰苦奋斗，陈弼臣跨进了亚洲的大富翁之列。

陈弼臣的成功史，其实是一部白手起家的创业史。他没有继承祖业，也没有飞来横财。他经过苦苦寻觅，一直不甘落后，渴望成功，后来终于找到了属于自己的那一片蓝天，这一切都是他不甘受命运摆布的结果。

历史上的许多成功人士就是因为心中怀着成功的信念，才能够留名史册。元朝的时候，一名女子自小出身贫苦，并且是别人的童养媳，她凭借着坚强的意志逃到了海南岛，并在那里与当地的人民一起生活了几十年，而后她发明了纺织机，这个人就是黄道婆。

一个看不到阳光、听不到大自然声音的女孩赢得了世界上无数人的尊重，她就是海伦·凯勒。她以坚强的意志力，以"热爱生命、刻苦学习"的信念不向命运屈服，最终获得了成功。

马克思凭借对人类社会改良的信念，在众多的批判声中依然坚持自己的意见，终于完成《资本论》的著作，并成为科学共产主义思想的奠基人和创始人之一。

如果说一个人怀抱成功的信念不一定成功，那么如果没有奔向成功的信念，那么这个人是一定不会成功的。一个人能否成功，关键还在于他是否具有坚定不移的信念，能否踏过人生的重重阻挠，为自己的明天而努力！

第十章 没有解决不了的问题，只有解决不了问题的人

没有笨死的牛，只有愚死的汉

《易经》说："穷则变，变则通。"的确，天无绝人之路，遇到问题时，只要肯找方法，上天总会给有心人一个解决问题、取得成功的机会。

人们都渴望成功，那么，成功有没有秘诀？其实，成功的一个很重要的秘诀就是寻找解决问题的方法。俗话说："没有笨死的牛，只有愚死的汉。"任何成功者都不是天生的，只要你积极地开动脑筋，寻找方法，终会"守得云开见月明"。

世间没有死胡同，就看你如何寻找方法，寻找出路。且看下文故事中的林松是如何打破人们心中"愚"的"瓶颈"，从而找到自己成功的出路。

有一年，山丘市经济萧条，不少工厂和商店纷纷倒闭，商人

们被迫贱价抛售自己堆积如山的存货，价钱低到1元可以买到10条毛巾。那时，林松还是一家纺织厂的小技师。他马上用自己积蓄的钱收购低价货物，人们见到他这样做，都嘲笑他是个蠢材。

林松对别人的嘲笑一笑置之，依旧收购抛售的货物，并租了很大的货仓来贮存。

他母亲劝他不要购入这些别人廉价抛售的东西，因为他们历年积蓄下来的钱数量有限，而且是准备给林松办婚事用的。如果此举血本无归，那么后果便不堪设想。

林松安慰她说："3个月以后，我们就可以靠这些廉价货物发大财了。"

林松的话似乎兑现不了。

过了10多天后，那些商人即使降价抛售也找不到买主了，他们便把所有存货用车运走烧掉。

他母亲看到别人已经在焚烧货物，不由得焦急万分，便抱怨起林松。对于母亲的抱怨，林松一言不发。

终于，政府采取了紧急行动，稳定了山丘市的物价，并且大力支持那里的经济复苏。

这时，山丘市因焚烧的货物过多，商品紧缺，物价一天天飞涨。林松马上把自己库存的大量货物抛售出去，一来赚了一大笔钱，二来使市场物价得以稳定，不致暴涨不断。

在他决定抛售货物时，他母亲又劝告他暂时不要把货物出售，因为物价还在一天一天飞涨。

他平静地说："是抛售的时候了，再拖延一段时间，就会后悔莫及。"

果然，林松的存货刚刚售完，物价便跌了下来。

后来，林松用赚来的这笔钱，开设了5家百货商店，生意十分兴隆。

如今，林松已是当地举足轻重的商业巨子了。

面对任何问题，成功者总是比别人多想一点儿，老王就是这样的人。老王是当地颇有名气的水果大王，尤其是他的高原苹果色泽红润，味道甜美，供不应求。有一年，一场突如其来的冰雹把将要采摘的苹果砸开了许多伤口，这无疑是一场毁灭性的灾难。然而面对这样的问题，老王没有坐以待毙，而是积极地寻找解决这一问题的方法，不久，他便打出了这样的一则广告，并将之贴满了大街小巷。

广告上这样写道："亲爱的顾客，你们注意到了吗？在我们的脸上有一道道伤疤，这是上天馈赠给我们高原苹果的吻痕——高原常有冰雹，只有高原苹果才有美丽的吻痕。味美香甜是我们独特的风味，那么请记住我们的正宗商标——伤疤！"

从苹果的角度出发，让苹果说话，这则妙不可言的广告再一次使老王的苹果供不应求。

世上无难事，只怕有心人。面对问题，如果你只是沮丧地待在屋子里，便会有禁锢的感觉，自然找不到解决问题的正确方法。如果将你的心锁打开，开动脑筋，勇敢地走出自己固定思维的枷锁，你将收获很多。

三分苦干，七分巧干

很多人认为，只有苦干才能成功。但无数成功者的经验表明，一个人要走向成功不能只会苦干，更要学会巧干。因为现在是"巧干"升值的时代，比别人会巧干的人会少走弯路，更快地走向成功。

人们常说：一件事情需要三分的苦干加七分的巧干才能完

美。意思是做事要注重寻找解决问题的方法，用巧妙灵活的方法解决难题，不要一味地蛮干。也就是说，"苦"的坚韧离不开"巧"的灵活。一个人做事，若只知下苦功夫，则易走入死道；若只知用巧，则难免缺乏"根基"，唯有三分苦加上七分巧才能更容易达到自己的目标。王勉就是深知此道理的人。

王勉是一家医药公司的推销员。一次他坐飞机回公司，竟遇到了意想不到的劫机。通过各界的努力，问题终于得以解决。就在要走出机舱的一瞬间，他突然想到：劫机这样的事件非常重大，应该有不少记者前来采访，为什么不好好利用这次机会宣传一下自己公司的形象呢？

于是，他立即从箱子里找出一张大纸，在上面写了一行大字："我是××公司的王勉，我和公司的××牌医药品安然无恙，非常感谢搭救我们的人！"

他举着这样的牌子一出机舱，立即就被电视台的镜头捕捉住了。他立刻成了这次劫机事件的明星，很多家新闻媒体都争相对他进行采访报道。

等他回到公司的时候，受到了公司隆重的欢迎。原来，他在机场别出心裁的举动，使得公司和产品的名字几乎在一瞬间家喻户晓了。公司的电话都快打爆了，客户的订单更是一个接一个。董事长当场宣读了对他的任命书：主管营销和公关的副总经理。事后，公司还奖励了他一笔丰厚的奖金。

王勉的故事，说明了一个道理：做任何事情，都要将"苦"与"巧"巧妙结合。正所谓"三分苦干，七分巧干"，"苦"在卖力，"巧"在灵活地寻找方法，只有这样，才最容易找到走向成功的捷径。陈良的故事就说明了这个道理。

陈良出生在一个穷困的山村，从小家里就很困难。17岁那年，他独自一人带着8个窝窝头，骑着一辆破自行车，从小山村到离家100公里外的城里去谋生。

城里的工作本来就不好找，加上他连高中都没有毕业，学历这么低，要想找到一份好的工作是难上加难。

他好不容易在建筑工地上找到了一份打杂的活。一天的工钱是2元，这只够他吃饭，但他还是想尽办法每天省下1元接济家人。

尽管生活十分艰难，但他还是不断地鼓励自己会有出人头地的一天。为此，他付出了比别人更多的努力。2个月后，他被提升为材料员，每天的工资加了1元。

靠着自己的不懈努力，他初步站稳了脚跟。之后，他就开始重视方法。他认为：要在新单位站稳脚跟，更多地得到大家的认可，就不能只靠苦干，更要靠巧干。那么，怎样才能做到这点呢？

苦思冥想之后，他终于想到了一个点子。工地的生活十分枯燥，他想，能不能让大家的业余生活过得丰富一点呢？想到这里，他拿出自己省下来的一点钱，买了《三国演义》《水浒传》等名著，认真阅读后，就给大家讲故事。这样一来，晚饭后的时间，总是大家最开心的时间。每天，工地上都洋溢着工友们欢乐的笑声。

一天，老板来工地检查工作，发现他有非常好的口才，于是决定将他提升为公关业务员。

一个小点子付诸实践后就能有这样的效果，他极受鼓舞。于是，他便主动找方法，并运用到工作的各个方面。

对工地上的所有问题，他都抱着一种主人翁的心态去处理。夜班工友有随地小便的习惯，怎么说都没有用，他便想尽各种方法让大家文明上厕；一个工友性格暴躁，喝酒后要与承包方拼命，他想办法平息矛盾，做到使各方都满意……别看这些都是小事，但领导都看在眼里。慢慢地，他成了领导的左膀右臂。

由于他经常主动找方法，终于等来了一个创业的良机。有一天，工地领导告诉他，公司本来承包了一个工程，但由于各种原因，难度太大，决定放弃。

作为一个凡事都爱"三分苦干，七分巧干"的人，他力劝领导别放弃。领导看着他充满热情，突然说了一句话："这个项目我没有把握做好。如果你看得准，由你牵头来做，我可以为你提供帮助。"他几乎不敢相信自己的耳朵：这不是给自己提供了一个可以自行创业的绝好机会吗？他毫不犹豫地接下了这个项目，然后信心百倍地干了起来。

但遇到的困难是出乎意料的，仅仅是报批程序中需要盖的公章就有15个，但他还是想尽办法，一个个都盖下来了。终于项目如期完成了，他掘到了人生的第一桶金。

不久，他便成立了属于自己的建筑公司，并且事业做得越来越大。

所谓没有办法就是没有想出新方法

是真的没办法吗？还是我们根本没有好好动脑筋想新方法？事实上，只要我们用一种大的视野、一种综观全局的胸怀来看待问题，用一种灵动多变的思考方式、一种随机应变的智慧去分析判断问题，就不会找不到解决问题的新方法。

"实在是没办法！"

"一点办法也没有！"

这样的话，你是否熟悉？你的身边是否经常有这样的声音？

当你向别人提出某种要求时，得到这样的回答，你是不是会觉得很失望？

当你的上级给你下达某个任务，或者你的同事、顾客向你提出某个要求时，你是否也会这样回答？

当你这样回答时，你是否能够体会到别人对你的失望？一句"没办法"，我们似乎为自己找到了可以不做的理由。是真的没办法吗？只有暂时没有找到解决办法的困难，而没有解决不了的困难。一句"没办法"，浇灭了很多创造的火花，阻碍了我们前进的步伐！是真的没办法吗？还是我们根本没有好好动脑筋想办法？发动机只有发动起来才会产生动力，同样，想办法才会有办法！下面的故事就给我们以新的启迪。

一家位于北京市内商业闹市区、开业近2年的美容店，吸引了附近一大批稳定的客户，每天店内生意不断，美容师难得休息，加上店老板经营有方，每月收入颇丰，利润可观。但由于经营场所限制，始终无法扩大经营，该店老板很想增开一家分店，可此店开业不长，资金有限，还不够另开一间分店。

店老板苦思冥想，如何筹集到开分店的启动资金呢？他突然想到，平时不是有不少熟客都要求美容店打折优惠吗？自己都是很爽快地打了9折优惠。他灵机一动，推出10次卡和20次卡：一次性预收客户10次美容的钱，对客户给予8折优惠；一次性预收客户20次的钱，给予7折优惠。对于客户来讲，如果不购美容卡，一次美容要40元，如果购买10次卡（一次性支付320元，即10次×40元／次×0.8=320元），平均每次只要32元，10次美容可以省下80元；如果购买20次卡（一次性支付560元，即20次×40元／次×0.7=560元），平均每次美容28元，20次美容可以省下240元。

通过这种优惠让利活动，吸引了许多新、老客户购买美容卡，结果大获成功，两个月内，该店共收到美容预付款达7万元，解决了开办分店的资金问题，同时也拥有了一批固定的客源。

就是用这种办法，店老板先后开办了5家美容分店。

有一位智者说，这个世界上有两种人：

一种人是看见了问题，然后界定和描述这个问题，并且抱怨这个问题，结果自己也成为这个问题的一部分。

另一种人是观察问题，并立刻开始寻找解决问题的办法，在解决问题的过程中自己的能力得到了锻炼、品位得到了提升。

你愿意成为问题的一部分，还是成为解决问题的人，这个选择决定了你是一个推动公司发展的关键员工，还是一个拖公司后腿的问题员工。

在一次企业管理培训课上，一位蛋糕店的老板陈先生和大家一起分享了他的创业经验。他深有感触地说："我很幸运，有一位善于找方法解决问题的员工。那次如果没有她，我的店很可能早就关门了。"

原来，陈老板开了一家蛋糕店。这个行业，竞争本来就十分激烈，加上陈老板当初在选择店址上有些小小的失误，开在了一个比较偏僻的胡同里，因此，自从蛋糕店开张后，生意一直不好，不到半年，就支撑不下去了。面对收支严重失衡的状况，陈老板无奈地想结束生意。这时，店里负责卖糕点的一个女员工给他提了一个建议。

原来，这个员工在卖蛋糕的时候碰到过一个女客人，想给男朋友买一个生日蛋糕。当这个员工问她想在蛋糕上写些什么字的时候，女客人嗫嚅了半天才不好意思地说："我想写上：'亲爱的，我爱你'。"

员工一下子明白了女客人的心思，原来她想写一些很亲热的话，又不好意思让旁人知道。有这种想法的客人肯定不止一人，现在，各个蛋糕店的祝福词都是千篇一律的"生日快乐""幸福平安"之类，为何不尝试用点特别的祝福语？

于是,这个员工送走女客人后,就向陈老板建议:"我们店里糕点师用来在蛋糕上写字的专用工具,可不可以多进一些呢?只要顾客来买蛋糕,就赠送一支,这样客人就可以自己在蛋糕上写一些祝福语,即使是隐私的话也不怕被人看到了。"

一开始,陈老板并没有将这个创意太当回事儿,只是抱着尝试的心理同意了,并做了一些简单的宣传。没想到,在接下来的一个星期中,顾客比平时增加了两倍,每个客人都是冲着那支可以在蛋糕上写字的笔来的。

陈老板说:"从那以后,我的生意简直可以用奇迹来形容。我本来都做好关门的心理准备了,没想到我的店员帮了我大忙。现在,她成了我的左膀右臂,好主意层出不穷,我都觉得我离不开她了。"

西方流传着一句十分有名的谚语,叫作:"Use your head(请动动脑筋)。"许多成功者一生都在遵循着这句话,解决了很多被认为是根本解决不了的问题。在现代社会,每个人都在想尽一切办法来解决生活中的一切问题,而且,最终的强者也将是善于寻找新方法的那部分人。

对问题束手无策的6种人

面对困难,一个人解决问题的能力就会凸显出来。他可能并不缺少工作的热情,也绝对的敬业,但工作成效却不尽如人意,面对问题也往往束手无策。

在工作和生活中,有些人在面对问题时,不去积极地开动脑筋,主动寻求解决的方法,而是一味抱怨,或找出种种自以为冠冠冕堂皇的理由来推脱，所以很难成就什么大事。在此，我们将这些人具体分为以下6类，以示警醒。

第一种人：爱找借口的人

生活中，不知有多少人抱怨自己缺乏机会，并努力为自己的失败寻找借口。为什么他们总是如此煞费苦心地找寻借口，却无法将工作做好呢？如果每个人都善于寻找借口，那么努力尝试用找借口的创造力来找出解决困难的办法，也许情形会大大的不同。如果你存心拖延、逃避，你自己就会找出成千上万个理由来辩解为什么不能够把事情完成。事实上，把事情"太困难、太无头绪、太麻烦、太花费时间"等种种理由合理化，确实要比相信"只要我们足够努力、勤奋，就能做成任何事"的信念要容易得多。但如果我们经常为自己找借口，我们就做不成任何事，这对我们以后的职业生涯也是极为不利的。

如果你常常发现，自己会为没做或没完成的某些事而制造借口，或想出成百上千个理由为事情未能照计划实施而辩解，那么，你自己不妨还是多做自我批评，多多地自我反省吧！

第二种人：凡事拖延的人

拖延是解决问题的最大敌人，它不仅会影响工作的执行，更会带来个人精力的极大浪费。

拖延并不能使问题消失，也不能使解决问题变得容易起来，而只会使问题深化，给工作造成严重的危害。我们没解决的问题会由小变大，由简单变复杂，像滚雪球那样越滚越大，解决起来也越来越难。而且，没有任何人会为我们承担拖延的损失，拖延的后果可想而知。

社会学家库尔特·卢因曾经提出一个概念，叫作"力场分析法"。在这里面，他描述了两种力量：阻力和动力。他说，有些人一生都踩着刹车前进，比如被拖延、害怕和消极的想法捆住手脚；有的人则是一路踩着油门呼啸前进，比如始终保持积极、合理和自信的心态。这一分析同样适用于工作。

第三种人：投机取巧的人

古罗马人有两座圣殿，分别是勤奋的圣殿和荣誉的圣殿，在安排座位时，他们有一个顺序：必须经过前者，才能到达后者。荣誉的必经之路是勤奋，试图投机取巧，想绕过勤奋就获得荣誉的人，总是被荣誉拒之门外。

许多生活中的实例证明，不管面临什么样的问题，如果总想投机取巧，表面上看，也许会节省一些时间或精力，但最终往往会导致更大的浪费。而且，投机取巧会使我们的能力日渐消退。只有努力寻找方法，将工作做到完美，我们才能收获得更多。

第四种人：浅尝辄止的人

在自然界，每一个物种都在发展和加强自己的新特征，以求适应环境，获得生存空间。生命的演化如此，生活和事业的发展也是如此。社会对个人的知识和经验不断提出了更高、更广、更深的要求，泛泛地了解一些知识和经验，是远远不够的。企图掌握好几十种职业技能，还不如精通其中一两种。什么事情都知道些皮毛，还不如在某一方面懂得更多，理解得更透彻。因为这样，我们就能将精力集中在一个方向上，从而使前进路上的方法总比问题多，就足以使自己获得巨大的成功。

有一位发明家，他尝试着发明一种新型的榨汁机，但是经受多次挫折后，他丧失了耐心，在离成功只有一步之遥时，他放弃了努力。他将长时间积累的职业经验和资源都舍弃了，自然也就无法形成自己的核心能力。

许多"离成功只有一步之遥"的人，恰恰因为缺乏最后跨入成功门槛的勇气而功败垂成,这是他们为浅尝辄止所付出的沉重代价。

第五种人：消极怠慢的人

王峰毕业后在一家服装公司从事销售工作,虽然这与他当初的理想和目标相去甚远,但他没有消极悲观,他满怀热情并全心全意地投入自己的工作中。他把热情与活力带到了公司,传递给了客户,使每一个和他接触的人都能感受到他的活力。正因为如此,尽管他才工作了1年,就被破格提升为销售部主管。

而同样很年轻的李远,也在短期内被提升为公司的管理层。有人问到他成功的秘诀时,他答道:"在试用期内,我发现每天下班后其他人都走了,而老板却常常工作到深夜。我希望能够有更多的时间学习一些业务上的东西,就留在办公室里,同时给老板提供一些帮助。尽管没人这么要求我,而且我的行为还受到一些同事的议论,但我相信我是对的,并坚持了下来。长时间下来,我和老板配合得很好,他也渐渐习惯要我负责一些事……"

在很长一段时间里,李远并未因积极主动的工作而获取任何酬劳,可他学到了很多知识并获得了老板的赏识与信任,赢得了升职的机会。

大多数人并不像王峰和李远,他们常常以一种怠惰而被动的态度来对待自己的工作,在遇到问题时也不急于寻求解决之道。其实他们不是没有自己的理想,但很容易一遇困难就要放弃,他们缺少一种精神支柱,缺少克服困难、解决问题的主动性。

一个人在工作时所表现出来的精神面貌,不仅会对工作效率和工作质量有影响,而且对他品格的形成也有很大影响。不管你的工作和地位是如何的平凡,倘若你能够全心全意投入你的工作,就像艺术家投身于他的作品,那么所有的疲劳与懈怠都会消失。其实,我们在各行各业都有施展才华和升职的机会,关键要看你是不是以积极主动的态度来对待你的工作，以积极主动的态度来寻找解决问题的方法。

第六种人：畏惧问题的人

想要获得成功，谈何容易？这需要克服各种困难，解决各种问题。

可不是吗？好比赤手空拳去建立自己的王国，你要招揽人才，建立军队，开辟领地，确立制度，发展经济，治理国民，每一项工作都存在着许多困难和问题，需要你去克服解决。

不管你的王国是建立在哪种行业上，情形都是一样，当然，王国的规模越大，问题就越多、越复杂。

在关键的地方无法解决问题，便会招致失败。即使这个问题解决了，又会有新问题出现。总之，在你面前，经常潜伏着失败的阴影。

胆怯的人，一想到要面对重重困难，想到失败的可怕，便会停下脚步，不敢往前走。结果，未起步的，永远停在原地；已起步的，就半途而废。

方法就在你自己身上

解决问题的关键不仅在于问题本身，更在于我们有没有解开自己的心结，在于我们有没有用心去"想"。不怕问题困难，就怕不想。就好像一把钥匙开一把锁，每一个问题都会有解决的办法，而这把解决问题的钥匙，就在我们自己的身上。

王明在一家广告公司做创意文案。一次，一个著名的洗衣粉制造商委托王明所在的公司做广告宣传，负责这个广告创意的好几位文案创意人员拿出的东西都不能令制造商满意。没办法，经理让王明把手中的事务先搁置几天，专心完成这个创意文案。

连着几天，王明在办公室里抚弄着一整袋的洗衣粉想："这个产品在市场上已经非常畅销了，以前的许多广告词也非常富有创意。那么，我该怎么下手才能重新找到一个切入点，做出既与众不同，又令人满意的广告创意呢？"

有一天，他在苦思之余，把手中的洗衣粉袋放在办公桌上，又翻来覆去地看了几遍，突然间灵光闪现，他想把这袋洗衣粉打开看一看。于是他找了一张报纸铺在桌面上，然后，撕开洗衣粉袋，倒出了一些洗衣粉，一边用手揉搓着这些粉末，一边轻轻嗅着它的味道，寻找感觉。

突然，在射进办公室的阳光下，他发现了洗衣粉的粉末间遍布着一些特别微小的蓝色晶体。审视了一番后，证实的确不是自己看花了眼，他便立刻起身，亲自跑到制造商那儿问这到底是什么东西。他被告知这些蓝色小晶体是一些"活力去污因子"，因为有了它们，这一次新推出的洗衣粉才具有了超强洁白的效果。

了解了这个情况后，王明回去便从这一点下手，绞尽脑汁，寻找到了最好的广告创意，因此推出了非常成功的广告。

王明的例子给我们这样一个启示：解决问题的关键不在于问题本身，更在于我们没有解开自己的心结，在于我们没有用心去"想"。在美国也有这样的故事。

在美国，有一位年轻的铁路邮务生叫佛尔，他曾经和其他邮务生一样，用传统的方法分发信件，结果使许多信件被耽误了几天或几周之久。

佛尔不满意这种现状，并想尽办法要改变它。很快，他发明了一种把信件集合寄递的办法，极大地提高了信件的投递速度。

鉴于他对邮电局的贡献，领导很快提升了他的职位。

是的，当谁都认为工作只需要按部就班做下去的时候，偏偏总有一些优秀的人，会找到更有效的方法，将效率大大提高，将问题解决得更完美！正因为他们有这种"找方法"的意识和能力，所以他们以最快的速度得到了认可！

　　"与其诅咒黑暗，不如点起一支蜡烛。"这句话是克里斯托弗斯的座右铭，它也应当成为指导我们工作和生活的一条准则。诅咒和抱怨，并不能解决问题，黑暗和恐惧仍然存在，而且还会因为人们的逃避和夸大而增加解决的难度。

　　然而，如果我们果断地采取行动，及时寻找解决问题的办法，哪怕我们只做了一点点努力，也会使我们朝着克服困难、解决问题的方向迈进一步。同时，我们还可能在积极努力的过程中寻找到不同的、更便捷的解决问题的方式，因为解决问题的方法就在我们自己身上。

问题在发展，方法要更新

方法是需要不断更新的，对于同样的问题，随着时代和科技的进步，我们采用的解决方法也越来越科学。今天是最佳的方法，并不代表永远是最佳的方法，我们必须树立一种与时俱进的态度，不断学习，不断更新，永远追求更好的方法。

　　时代在前进，人们所掌握的知识越来越多，许多过去我们无法给出答案或是给出了错误答案的一系列问题，在今天都已不再是难题。既然问题在不断变化，人们掌握的东西也在不断发展，那方法也必定是在不断更新的。

　　1928年的暑假，天气格外闷热，英国伦敦赖特研究中心的弗莱明医生心情异常烦躁，他胡乱放下手中的实验，准备去郊外避暑。实验台上的器皿杂乱无章地放着,这在一向细心的弗莱明20多年的科研生涯中还是第一次。

9月初,天气渐凉。弗莱明回到了实验室。一进门,他习惯性地来到工作台前,看看那些盛有培养液的培养皿。望着已经发霉长毛的培养皿,他后悔在度假前没把它们收拾好,但是一只长了一团团青绿色霉花的培养皿却引起了弗莱明的注意,他觉得这只被污染了的培养皿有些不同寻常。

他走到窗前,对着亮光,发现了一个奇特的现象:在霉花的周围出现了一圈空白,原先生长旺盛的葡萄球菌不见了。会不会是这些葡萄球菌被某种霉菌杀死了呢?弗莱明抑制住内心的惊喜,急忙把这只培养皿放到显微镜下观察,发现霉花周围的葡萄球菌果然全部死掉了!

于是,弗莱明特地将这些青绿色的霉菌培养了许多,然后把过滤后的培养液滴到葡萄球菌中去。奇迹出现了:几小时内,葡萄球菌全部死亡!他又把培养液稀释10倍、100倍……直至800倍,逐一滴到葡萄球菌中,观察它们的杀菌效果,结果表明,它们均能将葡萄球菌全部杀死。

进一步的动物实验表明,这种霉菌对细菌有相当大的毒性,而对白细胞却没有丝毫影响,就是说它对动物是无害的。

一天,弗莱明的妻子因手被玻璃划伤而开始化脓,肿痛得很厉害——这无疑是感染了细菌。弗莱明看着妻子红肿的手背,取来一根玻璃棒,蘸了些实验用的霉菌培养液。第二天,妻子兴奋地跑来告诉弗莱明:"亲爱的,您的药真灵!瞧,我的手背好了。您用的是什么灵丹妙药啊?"望着妻子消尽了红肿的手背,弗莱明高兴地说:"我给它命名为盘尼西林(青霉素)!"

现实中,每天都会产生出许多新问题,也会发现许多新方法。在青霉素发明之前,人们遇到细菌感染问题采用的是另一类方法，而在青霉素被发现之后，细菌感染的问题有了新的也是更有效的解决方法。

　　再举一个简单的例子。大家在电视剧里看到古代常用一种"滴血认亲"的方式来判断两者的亲属关系。我们姑且不论这个方法是否科学，但随着科技的日新月异，要解决这个问题，已经不再采用古老的方法，而改用全新的科学技术，进行DNA对比。它们解决的是同一个问题，却是用了不同的方法。由于古代科学技术的限制，我们不可能要求他们能运用当今的科技。同样，因为新技术的诞生，旧的方法也被新技术所取代。

第十一章 行动起来,一切皆有可能

行动永远是第一位的

一个人的行为影响他的态度,行动能带来回馈和成就感,也能带来喜悦,通过潜心的工作得到自我满足和快乐,这是其他方法不可取代的。这么说来,如果你想寻找快乐,如果你想发挥潜能,如果你真的想获得成功,就必须积极行动,全力以赴。

英国前首相本杰明·迪斯雷利曾指出,虽然行动不一定能带来令人满意的结果,但不采取行动就绝无满意的结果可言。

因此,如果你想取得成功,就必须先从行动开始。

每天不知会有多少人把自己辛苦得来的新构想取消,因为他们不敢执行。过了一段时间以后,这些构想又会回来折磨他们。

天下最可悲的一句话就是:"我当时真应该那么做,但我却没有那么做。"经常会听到有人说:"如果我当年就开始那笔生意,早就发财了!"一个好创意胎死腹中,真的会叫人叹息不已,永远不能忘怀。一个人被生活的困苦折磨久了,如果有了一个想要改变的梦想,那他已经走出了第一步,但是若想看见成功的大海,只走一步又有什么用呢?

因此,你有了梦想,只有行动起来,最终才能摆脱受折磨的命运。

连绵秋雨已经下了几天,在一个大院子里,有一个年轻人浑身淋得透湿,但他似乎毫无觉察,满腔怒气地指着天空,高声大骂着:"你这该千刀万剐的老天呀,我要让你下十八层地狱!你已经连续下了几天雨了,弄得我屋也漏了,粮食也霉了,柴火也湿了,衣服也没得换了,你让我怎么活呀?我要骂你、咒你,让你不得好死……"

年轻人骂得越来越起劲,火气越来越大,但雨依旧淅淅沥沥,毫不停歇。

这时,一位智者对年轻人说:"你湿淋淋地站在雨中骂天,过两天,下雨的龙王一定会被你气死,再也不敢下雨了。"

"哼!它才不会生气呢,它根本听不见我在骂它,我骂它其实也没什么用!"年轻人气呼呼地说。

"既然明知没有用,为什么还在这里做蠢事呢?"

"……"年轻人无言以对。

"与其浪费力气在这里骂天,不如为自己撑起一把雨伞。自己动手去把屋顶修好,去邻家借些干柴,把衣服和粮食烘干,好好吃上一顿饭。"智者说。

"与其浪费力气在这里骂天,不如为自己撑起一把雨伞。"智者的话对于我们来说,不失为一句"醒世恒言"。与其在困境中哀叹命运不公,为什么不把这些精力用在积极改变困境的行动上呢？

坐着不动是永远也改变不了现状的，同样，坐着不动也是永远做不成事业的。只有傻瓜才寄希望于天上掉馅饼。

思路突破：用行动改变现状

曾目睹两位老友因车祸去世而患上抑郁症的美国男子沃特，在无休止地暴饮暴食后，体重迅速膨胀到了无法自抑的地步，直线逼近200公斤。当逛一次超市就足以让沃特气喘吁吁缓不过气儿时，沃特意识到自己已经到了绝境。绝望之中的沃特再也无法平静，他决定做点什么。

打开年轻时的相册，里面的自己是一个多么英俊的小伙子啊。深受刺激的沃特决定开始徒步全美国的减肥之旅，迅速收拾好行囊，沃特带着接近200公斤的庞大身躯出发了。穿越了加利福尼亚的山脉，行走了新墨西哥的沙漠，踏过了都市乡村，旷野郊外……整整一年时间，沃特都在路上。他住廉价旅馆，或者就在路边野营。他曾数次遇到危险，一次在新墨西哥州，他险些被一条剧毒的眼镜蛇咬伤，幸亏他及时开枪将之打死。至于小的伤痛简直就是家常便饭，但是他坚持走过了这一年，一年后，他步行到了纽约。

他的事情被媒体曝光后，深深触动了美国人的神经。这个徒步行走立志减肥的中年男子，被《华盛顿邮报》《纽约时报》等媒体誉为"美国英雄"，他的故事感动了美国。不计其数的美国人成为沃特的支持者，他们从四面八方赶来，为的就是能和这个胖男人一起走上一段路。每到一个地方，就会有沃特的支持者们在那里迎接他。

当他被美国一个知名电视节目请到现场时，全场掌声雷动，为这个执着的男人欢呼。出版商邀请他写自传，电视台找他拍摄专辑……更不可思议的是，他的体重成功减掉50公斤，这是一个多么惊人的数字!

许多美国人称:沃特的故事使他们深受激励,原来只要行动,生活就可以过得如此潇洒。沃特说这一切让他感到意外:"人们都把我看作一个美国英雄式的人物,但我只是一个普通人,现在我意识到,这是一次精神的旅行,而不仅仅是肉体。"他的个人网站"行走中的胖子",吸引了无数访问者,很多慵懒的胖子开始质问自己:"沃特可以,为什么我不可以?"

徒步行走这一年,沃特的生活发生了巨变。从一个行动迟缓的胖子到一个堪比"现代阿甘"的传奇式人物,沃特用了1年的时间,他的收获绝不仅仅是减肥成功这么简单。放弃舒适的固有生活,做一种人生的改变,人人都可以做到,但未必人人愿意行动。所以,沃特成功了。

你也是,只要付诸行动,没有什么不可以。勇敢行动起来,创造自己生命的奇迹吧!

业精于勤荒于嬉

懒惰是人的一种劣根性,为了做成某件事,必须与它抗争,超越这种劣性的钳制。但是这种抗衡和超越一开始总要由一些外力来强制,进而才能逐渐内化为恒定的精神和行为习惯。

对很多人来说,懒惰是生活的常态。懒惰的人总是寄希望于明天,在幻想中沉迷于未来的美好;还有的人,虽然极想克服这种状态,但往往不知道从何做起,因而日复一日,得过且过。

"业精于勤荒于嬉"出自韩愈的《劝学解》,意思是说学业由于勤奋而精通,但它却荒废在嬉笑声中。古往今来,多少人都是依靠勤奋成就了事业。有个很好的典故说的也是这个道理。战国时期的苏秦，虽然很有雄心壮志，但由于学识浅薄，找了许多地方都无法得到重用。后来他下决心发愤读书，有时读书读到深夜，困得坚持不下去的时候，苏秦就用锥子刺自己的大腿。他就是用这种办法，驱逐睡意，振作精神，后来终于成了著名的政治家。

懒惰，从某种意义上讲就是一种堕落，一种具有毁灭性的东西，它就像一种精神腐蚀剂一样，慢慢地侵蚀着你。一旦背上了懒惰的包袱，生活将是为你掘下的坟墓。马歇尔·霍尔博士认为："没有什么比无所事事、懒惰、空虚无聊更为有害的了。"

一位母亲在出门前，怕自己的儿子饿着，给他烙了几张足以吃半个月的大饼；又怕儿子懒得动手，就给他套在了脖子上。然而当她一周后回家时，看到儿子已经饿死了，大饼却剩下一大半。原来儿子只将脖前的饼啃掉，啃完后又懒得用自己的手去转一下，以便吃到另一面。结果就被饿死了。

这个故事虽然有些夸张，却说明了懒惰的恶劣本质。一个连自己的手都懒得抬起，害怕或不愿意付出相应劳动的人，还能奢望拥有什么呢？

懒惰者是不能成大事的，因为懒惰的人总是贪图安逸，遇到一点儿风险就吓破了胆。

另外，这些人还缺乏吃苦实干的精神，总存有侥幸心理。而成大事之人，他们更相信"勤奋是金"。不经历风雨怎么见彩虹，一个人怎能随随便便成功？所以在被懒惰摧毁之前，你要先学会摧毁懒惰。从现在开始，摆脱懒惰的纠缠，不能有片刻的松懈。

业精于勤荒于"懒"。懒惰是学习的大敌，是工作的大敌，是生活的大敌。一个人的懒惰只是个人的不幸，一个民族的懒惰，则是整个民族的悲哀！我们肩负着中华民族伟大复兴的历史使命，全面建设小康社会，需要我们每个人打起十二分的精神，艰苦创业，勤奋工作。

思路突破：美好的生活要靠勤劳获取

"懒惰"是个很有诱惑力的怪物，一生中谁都会与这个怪物相遇。比如，早上躺在床上不想起来，起床后什么事也不想干，能拖到明天的事今天不做，能推给别人的事自己不做，不懂的事自己不想懂，不会做的事自己不想做……"懒惰"是人类最难克服的一个敌人，许多本来可以做到的事，都因为一次又一次的懒惰拖延而错过了成功的机会。所以，要想改变懒惰的现状，一定要走上勤奋的道路。

一位哲人说过："世界上能登上金字塔顶的生物只有两种，一种是鹰，一种是蜗牛。不管是天资奇佳的鹰，还是资质平庸的蜗牛，能登上塔尖，极目四望，俯视万里，都离不开两个字——勤奋。"

一个人的成长与发展，天赋、环境、机遇、学识等因素固然重要，但更重要的是自身的勤奋与努力。没有自身的勤奋，就算是天资奇佳的雄鹰也只能空振双翅；有了勤奋的精神，就算是行动迟缓的蜗牛也能雄踞塔顶，观千山暮雪，渺万里层云。成功不单纯依靠能力和智慧，更要依靠每一个人自身孜孜不倦的勤奋和努力。

"勤奋是通往荣誉圣殿的必经之路！"

这是古罗马皇帝临终前留下的遗言。古罗马人有两座圣殿，一座是勤奋的圣殿，另一座是荣誉的圣殿。他们在安排座位时有一个顺序，必须经过前者的座位，才能达到后者——勤奋是通往荣誉圣殿的必经之路。

在人生的路上，要想到达成功的圣殿，唯一的一条道路就是勤奋。

艾伦是一个公司的速记员。一个星期六的下午，同事们约好了去看球赛，这时一位律师走进来问艾伦，去哪儿能找到一位速记员来帮忙。

艾伦告诉他，公司所有速记员都看球赛去了，如果晚来5分钟，自己也会走。艾伦又说："球赛随时都可以看，工作第一，让我来帮你吧。"

律师问应该付多少钱给艾伦，艾伦开玩笑地回答："哦，既然是你的工作，大约1000元吧。换了别人，我就免费帮忙。"律师笑了笑，向艾伦表示谢意。

艾伦确实是在开玩笑，他早把1000元的事忘得一干二净。但在6个月后，律师却支付他1000元，还邀请艾伦到自己的公司工作，薪水比现在的高一倍。

艾伦只是在不经意间多做了一点点事情，结果却得到如此巨大的回报。这样看来，比别人勤奋一点点，你将会受益匪浅。

很多人认为，只要完成分配的任务就可以了，其实只想这些还远远不够，你还需要多做一些事情，多承担一些责任。也许你的付出无法立刻得到相应的回报，但不要灰心失望，只要你一如既往地投入，回报可能会在不经意间，以出人意料的方式出现。

你付出的努力如同存在银行里的钱，当你需要的时候，它随时都会为你服务；当你不需要时，它也会为你储蓄升值。所以拒绝懒惰，走向勤奋吧，只有这样，你才能拥有一个美好的明天。

克服拖延的毛病

人生总有许多理想和憧憬,假使你能够将一切憧憬都抓住,将一切理想都实现,将一切计划都执行,那你事业上的成就,真不知要怎样的宏大;你的生命,真不知要怎样的伟大!然而,总是有很多人有憧憬而不去抓住,有理想而不去实现,有计划而不去执行,最终使你的种种憧憬、理想、计划破灭掉。

《明日歌》曾经写道:"明日复明日,明日何其多!我生待明日,万事成蹉跎。"这里就在说明拖延给我们的生活带来的影响。生活中拖延的现象屡见不鲜,但拖延久了,事事拖延,就养成了一种习惯,这种习惯势必让你产生病态的拖延心理。拖延心理会让人一事无成,甚至毁掉你的前程。所以生活中一定要克制拖延,克制拖延你才能成功。

每个人的生命都是有限的,当拖延成为你的习惯时,死神也就在不知不觉中来临了。你可以给自己时间,但生命却不会给你时间,正如中国古代诗人李商隐所吟诵的"人间桑海朝朝变,莫遗佳期更后期"。

人为什么会被"拖延"的恶魔所纠缠,很大的原因在于当认识到目标的艰巨时所采取的一种逃避心理——能以后再面对的就以后再面对,只要今天舒服就行。拖延就这样成为"逃避今天的法宝",而逃避是弱者最明显的特征。

有些事情你的确想做,绝非别人要求你做,尽管你想,但却总是在拖延。你不去做现在可以做的事情,却想着将来某个时间再做。这样你就可以避免马上采取行动,同时你安慰自己并没有真正放弃决心。你会跟自己说:"我知道我要做这件事,可是我也许会做不好或不愿意现在就做。应该准备好再做,于是,我当然可以心安理得了。"每当你需要完成某个艰苦的工作时,你都可以求助于这种所谓的"拖延法宝",这个法宝成了你最容易、也是最好的逃避方式。

人的本质都是懦弱的,从这一点上说,拖延和犹豫是人类最合乎人性的弱点,但是正因为它合乎人性,没有明显的危害,所以无形中耽误了许多事情,因此而引起的烦恼,其实比明显的罪恶还要厉害。你拖延得了一时,却拖延不过一世,今天你利用拖延这张证件避免了危险和失败,但这样做又能达到怎样的目的呢?在你避免可能遭到失败的同时,你也失去了取得成功的良好机会。

思路突破:从现在开始行动

不要逃避今天的责任而等到明天去做,因为,明天是永远不会来临的。现在就采取行动吧,即使你的行动不会使你马上成功,但是总比坐以待毙要好。即使成功可能不是行动所摘下来的那个果子,但是,没有行动,任何果子都会在枝上烂掉。

现在必须采取行动。你要一遍又一遍,每一小时、每一天,重复这句话,一直等到这句话像你的呼吸一样融入你的生命。而跟在它后面的行动,要像你眨眼睛那种本能一样迅速。任何时刻,当你感到推脱苟且的恶习正悄悄地向你靠近,或者此恶习已迅速缠上你,使你动弹不得之际,你都需要用这句话提醒自己。

总有很多事需要完成,如果你正受到怠惰的钳制,那么不妨从碰见的任何一件事开始着手。这是件什么事并不重要,重要的是,你要突破无所事事的恶习。从另一个角度来说,如果你想规避某项杂务,那么你就应该从这项杂务着手,立即进行。否则,事情还是会不断地困扰你,使你觉得烦琐无趣而不愿动手。

当你养成"现在就动手做"的习惯,那么你就将掌握个人主动进取的精髓。

生命中真正的财富往往属于那些能以行动积极寻求的人。成功不会由挂着皇家徽章的管弦乐队伴随而来，它往往属于长期艰苦努力工作的人。

采取主动，就能创造属于自己的机会。缜密思虑下策划的行动，是没有任何东西可以取代的。

你可以用尽各种方法，告诉全世界，你有多么优秀，但是你必须通过行动。要让别人知道你的成就，你应该先付诸行动，让别人从行动中看到你的成就。

不要等待"时来运转"，也不要由于等不到而觉得恼火和委屈，要从小事做起，要用行动争取胜利。

记住，立即行动!

用目标为你的行动导航

目标对于事业来说，具有举足轻重的作用。目标是成功人生的起点，是一个人奋斗的阶梯。忽视目标定位的人，或是始终确定不了目标的人，他的努力就会事倍功半，绝难达到理想的彼岸。确立目标，是人生设计的第一乐章。

每一个走向成功的人，无疑都会面临一个选择方向、确定目标的问题。正如空气、阳光之于生命那样，人生须臾不能离开目标的引导。

有了目标，人们才会下定决心攻占事业高地；有了目标，深藏在内心的力量才会找到"用武之地"。若没有目标，你绝不会采取真正的实际行动，自然与成功无缘。

早在40多年前，生活在洛杉矶的15岁的少年约翰·戈达德对自己一生中计划要做的事开了一张清单，上面有127个要实现的目标，他将此清单称为"我的生命清单"。59岁时戈达德已实现了106个目标。他说："我在少年时开列的生命清单，反映了一个少年人的兴趣。尽管有些事情我是永远也无法做到的——例如，登上珠穆朗玛峰和访问月球。然而，确定的目标往往是这样的：有些事情可能超出你的能力。但那并不意味着你得放弃整个梦想。"现在，他仍然不放弃确定的目标，努力实现目标，包括参观中国的万里长城和访问月球。

可见，是目标所蕴含的神奇推力使戈达德勇往直前，虽然他已不再年轻，但却仍然能够信心十足。

只要你选准了目标，选对了适合自己的道路，并不顾一切地走下去，终能走向成功。确立了目标并坚定地"咬住"目标的人，才是最有力量的人。目标，是一切行动的前提。事业有成，是目标的赠予。确立了有价值的目标，才能较好地分配自己有限的时间和精力，较准确地寻觅突破口，找到聚光的"焦点"，专心致志地向既定方向猛打猛冲。那些目标如一的人，能抛除一切杂念，聚积起自己的所有力量，全力以赴地向目标高地挺进。

有目标的人，就会产生一股巨大的、无形的力量，将自身与事业有机地"融合"为一体。

目标，能唤醒人，能调动人，能塑造人，目标的伟大力量是难以估计的。有明确目标的人，生活必然充实有劲，绝不会因无所事事而无聊。目标能使人不沉湎于现状，能激励人不断进取，能引导人不断开发自身的潜能，去摘取成功的桂冠。

思路突破：制定目标的技巧

要成功就要设定目标，没有目标是不会成功的。目标就是方向，就是成功的彼岸，就是生命的价值和使命。

而目标的设定也是需要技巧的，当你确立了自己人生的终极目标之后，你就应该为了你的终极目标制定多个向总目标一步步接近的具体目标，然后慢慢执行，最后达到终极目标。

你的计划应根据不同时间长度而有所分别，如1小时、1星期、1年、10年。显然，考虑明年1年的计划与考虑今后10年的计划，那是有很大不同的。你能够而且应该超前计划10年，但是你不能想得很精细，因为不确定的因素太多了。温斯顿·丘吉尔在谈到筹划国家事务时说："人总是要向前看的，但是要预见目前看不见的东西又总是困难的。"你能够而且应该计划1个小时内要做的事，你也能够很精确地制订这个计划，但是，1个小时对你当然不会有太大的影响。

你可以将自己的目标大致做如下分类：

1. 长期

长期目标仍然与所追求的整个生活方式密切相关——你想从事的职业类型，你是否想结婚，你向往的家庭类型，你追求的总的生活境况。设计将来应当有一些总体性的考虑，在考虑长远计划时，不必拘泥于细节，因为以后的变化太多。应该有一个全局性的计划，但又要具有一定的灵活性。

2. 中期

中期目标是5年左右的目标，它包括你正渴望得到的那种专门的训练和教育，你生活历程中的经验。你要能够较好地把握住这些目标，并且在实施中预见你能否达到目的，并按照情况的变化不断调整努力的方向。

3. 短期

短期目标指的是1个月至1年的目标。你要很现实地确定这些目标，并且能够迅速明晰地说出你是否正在实现它们。不要为自己设立不可能实现的目标。人总是希望自己有所进步，但也不能要求过高，以免达不到而挫伤信心。目标要实际，但更要不惜一切去实现。

4.小目标

小目标指的是1天到1个月的目标。控制这些目标比控制较长远的目标容易得多。你能列出下一个星期或一个月要做的事,并且你完成计划也是大有可能的(假如你的计划是合理的话)。假如你发现你的计划过大,以后要修改它。考虑到的整块时间越小,你就越能控制每一整块的时间。

制订切实可行的计划

现代社会,人类生活工作的节奏越来越快,要做的事越来越多,如何从纷繁复杂的大小事中确定你真正要做的事,冲破迷雾明确人生目标呢?这时你需要的是计划,短至日常工作计划,长至整个人生计划,由它们指引你在人生路上取得节节胜利。

法国作家雨果说过:"有些人每天早上计划好一天的工作,然后照此实行。他们是有效利用时间的人。而那些平时毫无计划,靠遇到事现打主意过日子的人,只有'混乱'二字。"

在明确工作目的和任务后,能不能实现它就在于能否进行合理的组织工作。

美国生物学家沃森在回顾自己的职业生涯时说:"我的助手有一个非常好的习惯,这也是我一直没有替换他的主要原因。他有一本形影不离的工作日记,每天早晨,他都会把前一天写好的工作计划再翻看一遍,而在一天的工作结束后,他要对这一天的工作进行总结,同时把下一天的计划再做出来。"

制订计划是一种很好的行为,它能有效地引导我们的行动,使我们的生活变得井井有条起来。那么,我们又该如何制订切实可行的计划呢?

史蒂芬·柯维说:"我赞美彻底和有条理的工作方式。一旦在某些事情上投下了心血,就可以减少重复,开启更大和更佳的工作任务之门。"

培根也说过:"选择时间就等于节省时间,而不合乎时宜的举动则等于乱打空气。"

没有一个明确可行的工作计划,必然会浪费时间,要高效率地工作就更不可能了。试想,如果一个搞文字工作的人把资料乱放,就是找个材料都会花个半天工夫,那么他的工作是没有效率可言的。工作的有序性,体现在对时间的支配上,首先要有明确的目的性,很多成功人士就指出:如果能把自己的工作任务清楚地写下来,便是很好地进行了自我管理,就会使工作条理化,因而使个人的能力得到很大的提高。

只有明确自己的工作是什么,才能认识自己工作的全貌,从全局着眼观察整个工作,防止每天陷于杂乱的事务之中。明确的办事目的将使你正确地掂量各个工作之间的不同侧重,弄清工作的主要目标在哪里,一定要防止不分轻重缓急,耗费时间又办不好事情。

在制订工作计划的过程中,我们不仅要明确自己的工作是什么,还要明确每年、每季度、每月、每周、每日的工作及工作进程,并通过有条理的连续工作,来保证以正常速度执行任务。在这里,要为日常工作和下一步进行的项目编出目录,这不但是一种不可低估的时间节约措施,也是提醒我们记住某些事情的方法,可见,制定一个合理的工作日程是多么重要。

工作日程与计划不同,计划在于对工作的长期计算,而工作日程表是指怎样处理现在的问题。比如今天还有明天的工作,就是逐日推进的计划。有许多人抱怨工作太多又太杂乱,实际是由于他们不善于制定日程表，无法安排好日常工作，有时候反而抓住没有意义的事情不放，不得不被工作压得喘不过气来。

思路突破：将计划付诸行动

菲尔德爵士指出："制订计划是为了达成计划，计划制订好之后，就要付诸行动去实现它。如果不化计划为行动，那么所制订的计划就失去了意义。"

实际上，制订计划相对容易，难的是付诸行动。制订计划可以坐下来用脑子去想、用笔去写，实现计划却需要扎扎实实的行动，只有行动才能化计划为现实。

很多人都制订了自己的人生计划，但制订了计划之后，便把计划束之高阁，没有投入实际行动中，到头来仍然是一事无成。

在这个世界上，想成功没有别的途径，只有行动才是达成计划的唯一途径。

计划制订好后，就不能有一丝一毫的犹豫，而要坚决地投入行动。观望、徘徊或者畏缩都会使你延误时间，以致使计划化为泡影。

不论做什么事情，都必须拼命去做，如果半途而废，还不如不做。最重要的是把全部精神集中在自己的计划上。当你决定是否去做某一件事情时，它要么一定有去做的价值，要么就是没有去做的价值。所以，一旦决定了去做之后，就要集中精神去做。例如，当你在阅读《荷马史诗》时，应将全部精神集中于这部作品上，一边想着它所写的是否正确，一边学习其优美的措辞和诗句，绝对不可以将心神转移到别的作品上。

很多人都有过这样的经验，刚制订好计划时颇有磨刀霍霍的干劲，可是过了3个星期后就没劲儿了，更别提实现计划的自信了。当你拟妥一项计划后，首要的步骤就是把它写在纸上，当你把计划写下来之后，随之而来最重要的一步就是立即让自己行动起来，向着实现计划的方向拿出具体的行动，可别一拖再拖。

一个真正的决定必然是有行动的，并且还是立即的行动，此时你就要针对自己的计划采取积极的行动。你先别管要行动到什么程度，最重要的是要行动起来，打一个电话或拟一份行动方案都是可行的，只要在接下去的10天内每天都有持续的行动。当你能这么做时，这10天的行动必然会形成一个习惯，最终把你带向成功。

把计划转化为行动，可尝试按以下步骤进行：

1.将没有开始行动的若干原因写下来

为什么我当时没有行动？是不是当时有什么困难？回答这些问题有助于你认识未付诸行动的原因，乃是跟去做的痛苦有关，因此宁可拖延。如果你认为这跟痛苦无关的话，那么不妨再多想一想，或许是这个痛苦在你眼里微不足道，以至于你并不认为那是痛苦。

2.写出如果你不马上改变所造成的后果

如果你再不停止吃那么多的糖分和脂肪，那么会怎么样？如果你不停止抽烟，后果会如何？如果你不打通认为应该打的电话会怎样？如果你不每天运动的话，对健康会有什么影响？2年、3年、4年及5年后会生出什么样的毛病？如果你不改变的话，在人际关系上会付出什么样的代价？在自我形象上会付出什么代价？在钱财上会付出什么样的代价？对这些问题你要怎么回答呢？找出能使你感到痛苦的答案，那么痛苦便会成为你的朋友，帮助你改掉不能马上改变的坏习惯，以实现人生计划。

消除犹豫不决的行动障碍

行动能使人走向成功,这似乎是人尽皆知的道理,但当人们面临行动时,往往就会犹豫不决,畏缩不前。"语言的巨人,行动的矮子"不在少数。你总是在无意识地寻找各种维持现状的理由,其实是因为你没有决心,没有勇气。你根本不需要考虑这么多,只要付诸行动,一切的犹豫就会自行消散。

世界上有许多人没能意识到自己的潜力,过分的谨慎阻碍了他们前进的脚步。他们知道自己能干得更好,但他们从没有向前进取过。同那些比他们成功的人相比,他们有同样的能力取得事业上的成功,但他们自觉不如,总是找很多的理由说服自己。他们看见了机遇,但不去抓住它们。他们看到老朋友成功了,就纳闷自己为什么不行。他们想拥有万贯家财,但就是不采取行动。

从很大程度上看,他们的惰性和忧虑是直接的。惰性指的是物体保持自身原有的运动状态的性质,不受外力作用就不会变化。惰性的原理也适用于人,也许就适用于你。要想在工作中取得很大的变化,也许得下大决心、花大力气。

在面对是否采取行动的问题上,特别是当这种行动涉及冒险时,我们会发现自己容易犹豫不决、坐失良机。在这种情况中,是传统的观点在作怪:不要轻易去尝试,不要轻易鲁莽行动,这里很可能有危险。

缺乏信心是人们常常犹豫不决的原因。我们能完全意识到我们的弱点,而怀疑就经常从这里产生。我们对一切了解得太多,所以我们生性谨慎,宁愿推迟重大的决定,有时甚至无动于衷。

怎样才能知道别人比你的决心更大呢?如果你既了解自己,也了解他人,你可能不会对他们的恶习和弱点感到吃惊,他们完全有可能比你更加踌躇。问题是,你对你的一切知道得又具体又透彻，而对他人的一切却了解甚微。其实，你与"那人"可能十分相同，只要你有相同的成功机遇，你完全可以同他一决高下。

思路突破：在行动中引发行动

大自然中没有任何一种事情可以自己行动，即使我们天天要用的几十种机械设备也离不开这个原理。因此，每一个行动前面都有另一个行动。

如果你想调节家里的室温，你必须选择行动；如果你想让你的汽车变速，那么你必须换挡才可以。这个原理同样也适用于我们的心理，先使心理平静，才能理顺思路，发挥作用。

有一位幽默大师曾说："每天最大的困难是离开温暖的被窝走到冰冷的房间。"他说得不错，当你躺在床上认为起床是件不愉快的事时，它就真的变成一件困难的事了。就是这么简单的起床动作，即把棉被掀开，同时把脚伸到地上的自动反应，都足以击退你的恐惧。

凡成功者都不会等到精神好时才去做事，而是推动自己的精神去做事。

为了养成行动的好习惯，你可以遵照以下两点去做。

第一，用自动反应去完成简单的、烦人的杂务

不要想它烦人的一面，什么都不想就直接投入，一眨眼就完成了。

大部分的家庭主妇都不喜欢洗碗，拿破仑·希尔的母亲也不例外。但她自己发明了一套做法来解决这个问题，以便有时间做她喜欢做的事。

她离开饭桌时，便带着空盘子，在她根本没想到洗碗这个工作时，就已经开始洗碗了，几分钟就可以洗好。这种做法不是比清洗一大堆堆了很久的脏盘子更好吗？

现在就开始练习，先做一件你不喜欢的工作，在还没想到它讨厌之前就赶快做，这是处理杂务最有效的方法。

第二，将这种方法推而广之

把这种方法应用到"设计新构想""拟订新计划""解决新问题"，以至应用到需要仔细推敲的工作上。不能等精神来推动你去做，要推动你的精神去做。

这里有个技巧保证有效，用一支铅笔和白纸去计划。铅笔是使你"全神贯注"的最好工具。潜能激励大师安东尼·罗宾认为，如果要从"布置豪华、设备完善的办公室"跟"铅笔与纸"中任选一项来提高工作效率的话，他宁肯选择铅笔与纸，因为用铅笔与纸可以把心思牢牢专注在一个问题上。

把你的想法写在纸上时，你的注意力就会集中在上面，你的潜能也会因此而被发掘出来。因为我们无法一心二用，何况你在纸上写东西时，也会同时将它写在心里。如果把相关的想法同时写出来，就可以记得更久，记得更准确，这是许多实验已经证实并得出的结论。

一旦养成这个习惯，你的思想就会促使你行动，你的行动就会引发新的行动。

图书在版编目（CIP）数据

思路决定出路 / 荆隽玮编著. — 北京：中国华侨出版社, 2018.3（2020.3重印）

ISBN 978-7-5113-7523-0

Ⅰ.①思… Ⅱ.①荆… Ⅲ.①成功心理—通俗读物 Ⅳ.①B848.4-49

中国版本图书馆CIP数据核字(2018)第031311号

思路决定出路

编　　著：荆隽玮
责任编辑：姜　婷
封面设计：冬　凡
文字编辑：李　波
美术编辑：杜雨翠
经　　销：新华书店
开　　本：880mm×1230mm　1/32　印张：6　字数：150千字
印　　刷：三河市京兰印务有限公司
版　　次：2018年5月第1版　2021年6月第9次印刷
书　　号：ISBN 978-7-5113-7523-0
定　　价：30.00元

中国华侨出版社　北京市朝阳区西坝河东里77号楼底商5号　邮编：100028
法律顾问：陈鹰律师事务所
发行部：（010）88893001　　传　真：（010）62707370
网　址：www.oveaschin.com　　E-mail：oveaschin@sina.com

如果发现印装质量问题，影响阅读，请与印刷厂联系调换。